全国职业院校"十三五"规划教材（物联网技术应用专业）

RFID 射频识别技术应用

主　编　王伟旗　王　浩

副主编　徐军明　寻桂莲　汤益华　张　侃　王昱斌

U0201176

中国水利水电出版社

www.waterpub.com.cn

·北京·

内 容 提 要

　　本书以贴近实际的具体项目为依托，将必须掌握的基本知识与项目设计和实施建立联系，将能力和技能培养贯穿其中。本书根据行业产业对人才知识和技能的要求设计了八个项目：物联网与 RFID 应用、RFID 刷卡继电器控制应用、RFID 刷卡灯光控制应用、RFID 刷卡步进电机控制应用、RFID 卡类型及卡号读取应用、RFID 读卡及写卡应用、RFID 电子钱包应用、安卓移动端刷卡控制应用。根据项目实施过程，以任务的方式将课程内容中的各种实际操作"项目化"，使学生能在较短的时间内掌握 RFID 射频识别技术的相关知识，并达到技能目标。

　　本书可以作为中职学校和高职学校物联网技术相关专业的课程教材，也可以作为 RFID 应用技术考证培训参考书。

图书在版编目（ＣＩＰ）数据

RFID射频识别技术应用 ／ 王伟旗，王浩主编. －－ 北京 ：中国水利水电出版社，2018.11
全国职业院校"十三五"规划教材. 物联网技术应用专业
ISBN 978-7-5170-7153-2

Ⅰ. ①R… Ⅱ. ①王… ②王… Ⅲ. ①射频－无线电信号－信号识别－高等职业教育－教材 Ⅳ. ①TN911.23

中国版本图书馆CIP数据核字(2018)第262432号

策划编辑：石永峰　责任编辑：张玉玲　加工编辑：张天娇　封面设计：梁　燕

书　　名	全国职业院校"十三五"规划教材（物联网技术应用专业） RFID射频识别技术应用 RFID SHEPIN SHIBIE JISHU YINGYONG
作　　者	主 编　王伟旗　王 浩 副主编　徐军明　寻桂莲　汤益华　张　侃　王昱斌
出版发行	中国水利水电出版社 （北京市海淀区玉渊潭南路 1 号 D 座　100038） 网　　址：www.waterpub.com.cn E-mail：mchannel@263.net（万水） 　　　　　sales@waterpub.com.cn 电　　话：（010）68367658（营销中心）、82562819（万水）
经　　售	全国各地新华书店和相关出版物销售网点
排　　版	北京万水电子信息有限公司
印　　刷	三河市铭浩彩色印装有限公司
规　　格	184mm×260mm　16 开本　10.5 印张　232 千字
版　　次	2018 年 11 月第 1 版　2018 年 11 月第 1 次印刷
印　　数	0001—3000 册
定　　价	29.00 元

前　言

　　RFID 射频识别技术应用是一门应用性很强的综合专业课程，内容注重理论知识和实践应用的紧密结合。本书的设计思路是采用项目式和任务驱动式将课程内容实际操作"项目化"，强调项目课程不仅要给学生知识，而且要通过训练使学生能够在知识与工作任务之间建立联系。项目化课程的实施将课程的技能目标、学习目标要素贯穿在对工作任务的认识、体验和实施当中，并通过技能训练加以考核和完成。在项目课程的实施过程中，以项目任务为驱动，强化知识的学习和技能的培养。

　　本书以贴近实际的具体项目为依托，将必须掌握的基本知识与项目设计和实施建立联系，将能力和技能培养贯穿其中。本书根据行业产业对人才知识和技能的要求设计了八个项目：物联网与 RFID 应用、RFID 刷卡继电器控制应用、RFID 刷卡灯光控制应用、RFID 刷卡步进电机控制应用、RFID 卡类型及卡号读取应用、RFID 读卡及写卡应用、RFID 电子钱包应用、安卓移动端刷卡控制应用。根据项目的实施过程，以任务驱动的方式将课程内容的各种实际操作"项目化"，使学生能在较短的时间内掌握 RFID 射频识别技术的相关知识，并达到技能目标。

　　本书内容体系完整，案例详实，叙述风格平实、通俗易懂，书中的所有程序实例已全部通过了 RFID 实验实训设备的验证，该硬件平台是由苏州创彦物联网科技有限公司研制的实验实训平台。通过本书的学习，学生可以快速掌握 RFID 射频识别应用技术操作能力，并能提升 RFID 上位机应用软件设计与开发水平。

编者

2018 年 9 月

C—目录
ONTENTS

项目 1
物联网与 RFID 应用

💬 【项目情境】

上海市某中职学校物联网专业三年级的某位同学，在实习期间参与某公司的物联网项目开发，物联网项目主要涉及 RFID 门禁系统和 RFID 公交车计费系统的各项功能开发，其中 RFID 门禁系统包括刷卡公司电力线路上电、刷卡公司办公室开门和刷卡公司走道开灯等，RFID 公交车计费系统包括读卡、写卡、充值和扣款等功能业务。本次项目主要涉及 RFID 与物联网相关技术知识讲解，以及通过刷卡获得卡号信息的项目开发。

📖 【学习目标】

1. 知识目标

- 掌握物联网的基本概念。
- 熟悉物联网和 RFID 技术。
- 理解射频识别技术。
- 掌握 RFID 系统组成。

2. 技能目标

- 能正确使用 RFID 读写器通过刷卡采集卡号。
- 能正确掌握刷卡采集程序设计。
- 能正确掌握刷卡采集程序功能实现。
- 能正确运行刷卡采集程序。

任务 1.1　走进物联网与 RFID

1.1.1　任务描述

公司技术部负责人给参与此次项目开发的同学们介绍了有关物联网技术应用的前景、射频识别（RFID）的概念和物联网与 RFID 的关系，并带领同学们通过简单的动手实践，亲身感受一下射频识别技术应用。在这次项目实践中，同学们能够理解和掌握通过刷卡获取 RFID 卡号信息。

1.1.2　任务分析

1. 物联网的概念

物联网被称为继计算机、互联网之后世界信息产业的第三次浪潮，物联网在我国已经上升为国家战略，成为下一阶段 IT 产业的主要任务。物联网是在互联网的基础上，将用户端延伸和扩展到任何物体进行信息交换和通信的一种网络。在物联网中，射频识别是最主要的物品识别技术，可以对物品实现透明化追踪、通信与管理，是实现物联网的基石。

物联网的定义是，通过 RFID、传感器、全球定位系统、激光扫描器等信息传感设备，按照约定的协议，把任何物体与互联网连接起来进行信息交换和通信，以实现智能化识别、定位、跟踪、监控和管理的一种网络，如图 1-1 所示。

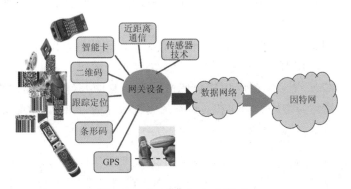

图 1-1　物联网定义的模型

物联网的英文为 the Internet of things，由此可见，物联网就是"物与物相连的互联网"。这里有两层意思：第一，物联网的核心和基础仍然是互联网，是在互联网的基础上延伸和扩展的一种网络；第二，其用户端延伸和扩展到了任何物体，在物体之间进行信息的交换和通信。

2. RFID 的概念

RFID 是一种非接触式的自动识别技术，它通过无线射频的方式自动识别目标对象，将信息数据进行自动识别后采集并输入到计算机的一种重要手段和方法。RFID 不仅可以识别高速运动的物体，还可以在各种恶劣环境中同时识别多个目标，以实现远程读取，识别的过程无需人工干预。

RFID 属于一种近距离无线通信系统，可以通过无线信号识别特定目标（如物品），并读写相关数据。如图 1-2 所示的带有 RFID 芯片的第二代身份证及读写设备，在该系统中，二代身份证与读写器进行无线通信，其中二代身份证携带了本人的相关信息。

图 1-2　射频识别二代身份证

3．RFID 与物联网技术

继互联网之后的物联网时代，RFID 技术将使人与物、物与物之间的距离变得越来越小。现在 RFID 系统也只是物联网的一种应用，RFID 技术目前成为物联网系统感知层的一种最重要的信息采集技术，其他的各种传感技术及自动识别手段也都属于物联网系统的前端技术。

经过十多年的发展，物联网的技术内涵有了很大的拓展，RFID 技术将物联网的触角延伸到了物体上。RFID 是实现物联网的关键技术，通过互联网、移动通信与 RFID 技术相结合，可以实现全球范围内物体的跟踪与信息的共享，从而给物体赋予智能，实现人与物体及物体与物体的沟通和对话，最终构成连通万事万物的物联网。

4．RFID 系统的构成

RFID 系统由电子标签、读写器和主机（服务器）构成。RFID 系统以电子标签来标识物体，电子标签通过无线电波与读写器进行数据交换，读写器可以将主机的读写命令传送到电子标签，再把电子标签返回的数据传送到主机，主机的数据交换与管理系统负责完成电子标签数据信息的存储、管理和控制。RFID 系统的最小硬件构成如图 1-3 所示。

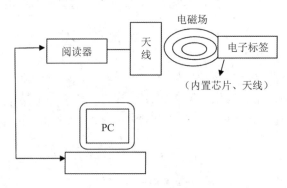

图 1-3　RFID 系统的构成

（1）电子标签。电子标签由芯片和天线组成，附在物体上标识目标对象，每个电子标签具有唯一的电子编码，存储着被识别物体的相关信息，如图 1-4 所示为 IC 非接触卡。

（2）阅读器或读写器。读写器是利用射频技术读写电子标签信息的设备，如图 1-5 所示。RFID 系统工作时，一般首先由读写器发射一个特定的询问信号；当电子标签接收到这个信号后，就会给出应答信号，应答信号中含有电子标签携带的数据信息。读写器可以对电子标签进行识别、追踪和数据交换。电子标签不仅可以附在物体表面，也可以嵌入被追踪的物体体内，甚至可以植入人体内，通过电子标签将物品的数据传送出去。另外，电子标签不需要在读写器的视线之内，读写器只要通过电磁场或无线电波与电子标签建立通信，就可以在几十米之内进行识别，从而自动辨识并追踪物品。当读写器读取了物品的信息后，将信息传送到互联网，人们通过互联网就可以获取物品的即时信息。

图 1-4　IC 非接触卡

图 1-5　RFID 读写器

（3）主机（服务器）。记录并处理个体信息或管理 ID 的主机（服务器），如图 1-6 所示即为 RFID 主机（服务器）系统。

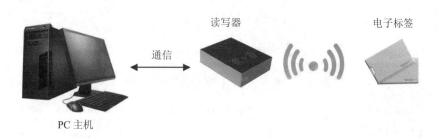

读写器　　　　　　电子标签

通信

PC 主机

图 1-6　RFID 主机（服务器）系统

1.1.3 操作方法与步骤

1. RFID 设备参数的配置

（1）将 USB 串口线缆一端接入 RFID 教学实验实训平台的 RFID_Zigbee 通信接口，另一端接入 PC 机的 USB 接口，如图 1-7 所示。

图 1-7　USB 线缆接线设置

（2）当之前的 USB 串口驱动安装完成之后，在 PC 端中用鼠标右键单击"我的电脑"图标，弹出下拉菜单，选择"设备管理器"选项，如图 1-8 所示。

图 1-8　PC 端的"设备管理器"选项

（3）打开"设备管理器"窗口，找到"端口（COM 和 LPT）"选项，展开选项之后出现如图 1-9 所示的设备串口，这里为 USB-SERIAL CH340（COM2），串口名称为COM2。

图 1-9 获取设备的串口名称

（4）这里 RFID 读写模块与 RFID 嵌入式网关组成无线传感网络，然后通过对 RFID 卡进行读取可以获取卡号信息，无线传输至 RFID 嵌入式网关，如图 1-10 所示。

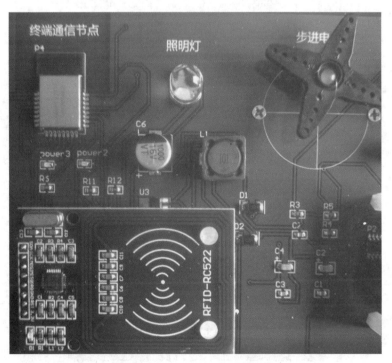

图 1-10 RFID 读写模块

（5）将数据通信挡位切换到 RFID_Zigbee 通信端挡之后，可以通过 PC 端串口通信读写 RFID 卡，如图 1-11 所示。

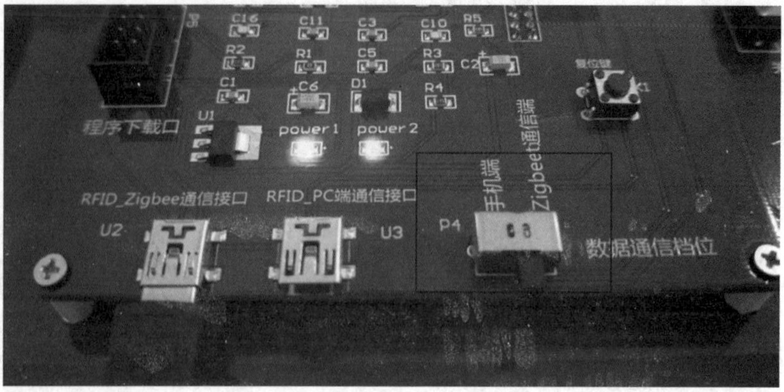

图 1-11　设置 RFID 的 Zigbee 通信端挡位

2．RFID 卡号识别程序的运行

（1）打开并运行 RFID 卡号识别程序，如图 1-12 所示，获取 COM2 串口，然后单击"打开串口"按钮。

图 1-12　运行 RFID 刷卡采集程序

（2）将一张 RFID 卡放置在 RFID 读写器模块上，如图 1-13 所示。

图 1-13　RFID 卡放置读写器

（3）当读写器模块读写卡成功后，窗体界面中会显示当前的卡号信息，如图 1-14所示。

图 1-14 显示当前的卡号信息

任务 1.2   RFID 卡号识别程序开发

1.2.1 任务描述

通过运行上一个任务中的 RFID 卡号识别程序软件，可以将手中的 RFID 卡放在读写器上进行刷卡采集卡号信息，并显示在窗体界面上。本次任务由公司技术部负责人带领同学们通过编程实现 RFID 卡号采集程序设计，让同学们在这次项目实践中能够掌握刷卡获取 RFID 卡号程序开发技术。

1.2.2 任务分析

RFID 卡号识别程序的功能就是通过串口通信进行 RFID 卡号的采集，程序功能模块设计结构图如图 1-15 所示。

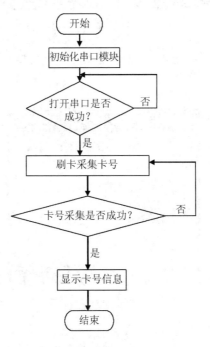

图 1-15 程序功能模块设计结构图

1.2.3　操作方法与步骤

1. 卡号识别程序窗体界面的设计

（1）创建 RFID 卡号识别程序工程项目。

1）打开 VS.NET 开发环境，在起始页的项目窗体界面中，单击菜单中"文件"下的"新建"按钮，选择"项目"选项，进入"新建项目"对话框，如图 1-16 所示。在左侧项目类型列表中选择 Windows 选项，在右侧的模板中选择"Windows 窗体应用程序"选项，在下方的"名称"输入栏中输入将要开发的应用程序名 RFIDCardIDApp，在"位置"栏中选择应用程序所保存的路径位置，最后单击"确定"按钮。

图 1-16　"新建项目"对话框

2）RFID 卡号识别程序工程项目创建完成之后，会显示如图 1-17 所示的工程解决方案。

图 1-17　RFID 卡号识别程序工程项目解决方案

（2）窗体界面设计。

1）选中整个 Form 窗体，在属性栏的 Text 中输入"RFID 卡号识别程序"的文本值，如图 1-18 所示。

图 1-18　设置窗体名称文本信息

2）在界面设计中添加两个 Label 控件、一个 GroupBox 控件、一个 ComboBox 控件和一个 Button 控件，完成程序标题的显示和界面串口参数的选择，如图 1-19 所示。

图 1-19　串口界面设计

3）在界面设计中添加两个 Label 控件、一个 GroupBox 控件和一个 ComboBox 控件，完成程序界面中 RFID 卡号信息的实时显示，如图 1-20 所示。

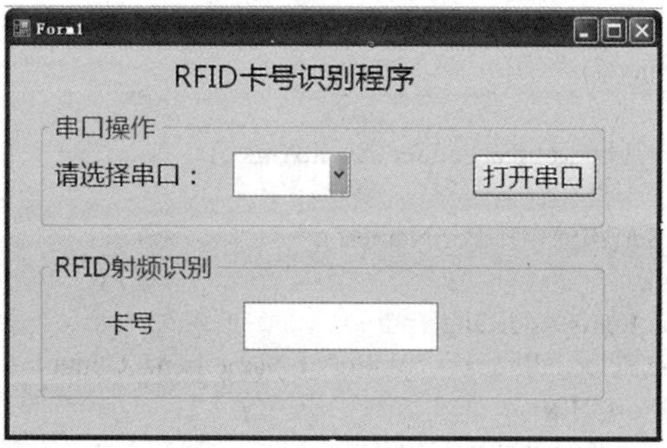

图 1-20　RFID 卡号识别程序界面设计

4）将图 1-20 中的主要控件进行规范命名及设置初始值，如表 1-1 所示。

表 1-1 程序中各项主要控件的说明

控件名称	命名	说明
ComboBox	comboPortName	设置串口名称，如 Com1、Com2、Com3
Button	buttonOpenCloseCom	打开或关闭串口按钮
TextBox	RFIDon	显示卡号信息文本框
GroupBox	gboxCom	串口操作组控件
GroupBox	gboxRFID	RFID 卡号操作组控件
Label	labeltitle	标题信息

2. 卡号识别程序功能的代码实现

（1）Form1 窗体代码文件（Form1.cs）的结构。

```
using System;
using System.Collections.Generic;
using System.ComponentModel;
using System.Data;
using System.Drawing;
using System.Linq;
using System.Text;
using System.Windows.Forms;
// 以上几句是自动生成的
using System.IO.Ports;
using System.Text.RegularExpressions;

namespace RFIDCardIDApp
{
    public partial class Form1: Form
    {
        private SerialPort comm = new SerialPort();              // 新建一个串口变量
        private StringBuilder builder = new StringBuilder();     // 避免在事件处理方法中反复创
                                                                 // 建，定义到外面

        string newstrdata = "";
        public Form1()
        {
            InitializeComponent();
        }
        private void Form1_Load(object sender, EventArgs e)
        {
            string[] ports = SerialPort.GetPortNames();
            Array.Sort(ports);
            comboPortName.Items.AddRange(ports);
            comboPortName.SelectedIndex = comboPortName.Items.Count > 0 ? 0 : -1;
            // 初始化 SerialPort 对象
            comm.DataReceived += comm_DataReceived;
        }
```

```csharp
private void buttonOpenCloseCom_Click(object sender, EventArgs e)
{
    // 根据当前的串口对象来判断操作
    if (comm.IsOpen)
    {
        comm.Close();
        RFIDon.Text = "";
    }
    else
    {
        // 关闭时单击，设置好端口、波特率后打开
        comm.PortName = comboPortName.Text;
        comm.BaudRate = 9600;
        try
        {
            comm.Open();
        }
        catch (Exception ex)
        {
            // 捕获到异常信息，创建一个新的 comm 对象，之前的不能用了
            comm = new SerialPort();
            // 显示异常信息给客户
            MessageBox.Show(ex.Message);
        }
    }
    // 设置按钮的状态
    buttonOpenCloseCom.Text = comm.IsOpen ? " 关闭串口 ":" 打开串口 ";
}
void comm_DataReceived(object sender, SerialDataReceivedEventArgs e)
{
    this.BeginInvoke(new Action(() =>
    {
        string serialdata = comm.ReadExisting();
        newstrdata += serialdata;
        if (newstrdata.LastIndexOf("ID:") >= 0)
        {
            int tempindex = newstrdata.LastIndexOf("ID:");
            if (newstrdata.Substring(tempindex + 3).Length > 0)
            {
                RFIDon.Text = newstrdata.Substring(tempindex + 3, 8);
            }
            newstrdata = "";
        }
    }
    ), null);
}
}
}
```

（2）方法说明。

1）Form1_Load 方法。当窗体加载时，一方面执行串口类的 GetPortNames 方法，

使之获得当前 PC 端可用的串口，并显示在下拉列表框中；另一方面添加事件处理函数comm.DataReceived，使得当串口缓冲区有数据时，执行 comm_DataReceived 方法读取串口数据并处理。代码的具体实现如下：

```
private void Form1_Load(object sender, EventArgs e)
{
    string[] ports = SerialPort.GetPortNames();
    Array.Sort(ports);
    comboPortName.Items.AddRange(ports);
    comboPortName.SelectedIndex = comboPortName.Items.Count > 0 ? 0 : -1;
    // 初始化 SerialPort 对象
    comm.NewLine = "/r/n";
    comm.DataReceived += comm_DataReceived;
}
```

2）打开或关闭串口方法。单击"打开串口"按钮时，执行打开串口方法，通过主界面窗体上的下拉列表框选择可用的串口，如串口名称 Com1，设置波特率为 9600，打开串口；单击"关闭串口"按钮时，执行关闭串口方法。在该方法中将打开的串口对象进行关闭操作的代码具体实现如下：

```
private void buttonOpenCloseCom_Click(object sender, EventArgs e)
{
    // 根据当前的串口对象来判断操作
    if (comm.IsOpen)
    {
        comm.Close();
        RFIDon.Text = "";
    }
    else
    {
        // 关闭时单击，设置好端口、波特率后打开
        comm.PortName = comboPortName.Text;
        comm.BaudRate = 9600;
        try
        {
            comm.Open();
        }
        catch (Exception ex)
        {
            // 捕获到异常信息，创建一个新的 comm 对象，之前的不能用了
            comm = new SerialPort();
            // 显示异常信息给客户
            MessageBox.Show(ex.Message);
        }
    }
    // 设置按钮的状态
    buttonOpenCloseCom.Text = comm.IsOpen ? " 关闭串口 ":" 打开串口 ";
}
```

3）读取串口数据方法。当串口缓冲区有数据时，执行 comm_DataReceived 方法读取串口数据。从串口读出数据之后,判断字符串是否以"ID:"开始,如果成立,则取"ID:"

字符串后面的 8 个字符，即为卡号信息。代码的具体实现如下：

```
void comm_DataReceived(object sender, SerialDataReceivedEventArgs e)
    {
      this.BeginInvoke(new Action(() =>
      {
        string serialdata = comm.ReadExisting();
        newstrdata += serialdata;
        if (newstrdata.LastIndexOf("ID:") >= 0)
        {
          int tempindex = newstrdata.LastIndexOf("ID:");
          if (newstrdata.Substring(tempindex + 3).Length > 0)
          {
            RFIDon.Text = newstrdata.Substring(tempindex + 3, 8);
          }
          newstrdata = "";
        }
      }
      ), null);
    }
```

RFID 卡号识别程序的运行界面如图 1-21 所示。

图 1-21　RFID 卡号识别程序的运行界面

思考与练习

1．填空题

（1）物联网被称为继 _____、_____ 之后世界信息产业的第三次浪潮，物联网在我国已经上升为国家战略，成为下一阶段 IT 产业的主要任务。

（2）物联网的定义是，通过 _____、_____、全球定位系统、激光扫描器等信息传感设备，按照约定的协议，把任何物体与互联网连接起来进行信息 _____ 和 _____，以实现智能化识别、_____、_____、_____ 和管理的一种网络。

（3）RFID 属于一种 _____ 无线通信系统，可以通过 _____ 识别特定目标（如物品），并读写相关数据。

（4）RFID 系统由 _____、_____ 和 _____ 构成。

（5）电子标签由 _____ 和 _____ 组成，附在物体上标识目标对象，每个电子标签具有唯一的 _____，存储着被识别物体的相关信息。

（6）读写器是利用 _____ 读写电子标签信息的设备。

2. 简答题

（1）简述物联网就是"物与物相连的互联网"的两层含义。

（2）简述射频识别的概念。

（3）简述 RFID 与物联网技术的关系。

（4）简述 RFID 系统的构成。

3. 举例说明

举出一些 RFID 射频识别技术在日常生活中的应用场景。

项目 2
RFID 刷卡继电器控制应用

【项目情境】

今天公司技术部负责人带领同学们参观了公司刷卡电路自动上电系统，这是一套安全有效的智能电路系统，通过公司负责安全用电的管理员将手中的 RFID 卡进行读写器刷卡操作演示，可以立即启动公司正常用电系统，有效地保障了公司的正常用电。

【学习目标】

1. 知识目标

- 熟悉自动识别技术的概念。
- 掌握自动识别技术的分类。
- 掌握 RFID 电子标签种类。

2. 技能目标

- 能正确使用设备通过刷卡控制继电器。
- 能正确掌握刷卡继电器控制程序设计。
- 能正确掌握刷卡继电器控制程序功能实现。
- 能正确运行刷卡继电器控制程序。

任务 2.1　　认识自动识别技术及 RFID 卡

2.1.1　任务描述

公司技术部负责人先给同学们详细介绍了有关自动识别技术、射频识别技术和 RFID 卡类型的相关知识，然后带领同学们动手实践 RFID 射频识别技术，通过运行刷卡继电器控制程序模拟公司电路系统自动上电，让同学们在这次项目实践中能够亲身感受通过刷卡实现继电器的闭合和断开控制操作。

2.1.2　任务分析

1. 自动识别技术的概述

随着人类社会步入信息时代，人们所获取和处理的信息量不断加大，传统的信息采集是通过人工手段录入的，不仅劳动强度大，而且数据误码率高。以计算机和通信技术为基础的自动识别技术，是构造全球物品信息实时共享的基础，是物联网的重要组成部分，它可以对目标对象中的每个物品进行标识和自动识别，使人们可以对大量信息进行及时、准确的处理，并将数据实时更新。

广义上说，自动识别技术是用机器识别对象的众多技术的总称。具体地讲，就是应用识别装置，通过被识别物品与识别装置之间的接近活动，自动地获取被识别物品的相关信息。自动识别技术是一种高度自动化的信息或数据采集技术，对字符、影像、条码、声音、信号等记录数据的载体进行机器自动识别，自动地获取被识别物品的相关信息，并提供给后台的计算机处理系统来完成相关的后续处理。

2. 自动识别技术的分类

按照应用领域和具体特征的分类标准进行分类，自动识别技术可以分为条码识别技术、生物识别技术、图像识别技术、磁卡识别技术、IC 卡识别技术、光学字符识别技术和射频识别技术等。本节介绍几种典型的自动识别技术，分别是条码识别技术、磁卡识别技术、IC 卡识别技术和射频识别技术，这几种自动识别采用了不同的数据采集技术，其中，条码是光识别技术，磁卡是磁识别技术，IC 卡是电识别技术，射频识别是无线识别技术。

（1）条码识别技术。条码由一组条、空和数字符号组成，按一定的编码规则排列，用以表示一定的字符、数字及符号等信息。条码的种类很多，大体可以分为一维条码和二维条码，如图 2-1 所示。一维条码和二维条码都有许多码制。条码识别是对红外光或可见光进行识别，由扫描器发出的红外光或可见光照射条码标记，深色的"条"吸收光，浅色的"空"将光反射回扫描器，扫描器将光反射信号转换成电子脉冲，再由译码器将电子脉冲转换成数据，最后传至后台。

图 2-1 一维条码（左）和二维条码（右）

（2）磁卡识别技术。磁卡是一种磁记录介质卡片，它由高强度、耐高温的塑料或纸质涂覆塑料制成，能防潮、耐磨且有一定的柔韧性，携带方便，使用较为稳定可靠。通常磁卡的一面印刷有说明提示性信息，如插卡方向；另一面则有磁层或磁条，具有 2～3 个磁道以记录有关的信息数据。

磁卡最早出现在 20 世纪 60 年代，当时伦敦交通局将地铁票的背面全涂上磁介质，用来储值。用磁卡识别技术以简化数据录入的应用首先源于金融业，在银行存款现金的业务计算机化管理后不久，即出现了账户卡，随着自动取款机（ATM）的出现得到了广泛应用，如图 2-2 所示。

磁条从本质意义上讲和计算机用的磁带或磁盘是一样的，它可以用来记载字母、字符及数字信息。磁条记录信息的方法是变化磁的极性（如 S-N 和 N-S），一部解码器可以识读到磁性的变换，并将它们转换回字母或数字的形式，以便由一部计算机来处理。

图 2-2　金融业磁卡

磁卡的特点是数据可读写，即具有现场改变数据的能力。这个优点使得磁卡的应用领域十分广泛，如信用卡、借记卡、电话磁卡和机票等。磁卡存储数据的时间长短受磁性粒子极性耐久性的限制，另外，磁卡存储数据的安全性一般较低。

（3）IC 卡识别技术。IC 卡通过卡里的集成电路存储信息，它将一个微电子芯片嵌入到卡基中做成卡片形式，通过卡片表面 8 个金属触点与读卡器进行物理连接来完成通信和数据交换，一个标准的 IC 卡应用系统通常包括 IC 卡、IC 卡接口设备（IC 卡读写器）和 PC，较大的系统还包括通信网络和主计算机等，如图 2-3 所示。

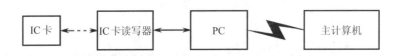

图 2-3　IC 卡系统的组成

根据读写方式的不同，可以将 IC 卡分为接触式 IC 卡和非接触式 IC 卡两种类型；根据 IC 内芯片类型的不同，可以将 IC 卡分为存储器卡、逻辑加密卡和 CPU 卡三种类型。常见的 IC 卡如图 2-4 所示。

图 2-4　IC 卡

（4）射频识别技术。射频识别技术是通过无线电波进行数据传递的自动识别技术，RFID 是一种非接触式的射频识别技术，通过射频信号自动识别目标对象并获取相关数据，识别工作无需人工干预，RFID 技术可以识别高速运动的物体并同时识别多个电子标签，操作快捷方便，如图 2-5 所示为 RFID 射频识别系统。它与条码识别技术、磁卡识别技术和 IC 卡识别技术等相比，它以特有的无接触、可同时识别多个物体等优点，逐渐成为自动识别领域中最优秀和应用最广泛的自动识别技术。

图 2-5 RFID 射频识别系统

3. RFID 电子标签

一般情况下，电子标签由标签专用芯片和标签天线组成，芯片用来存储物品的数据，天线用来收发无线电波。电子标签的芯片很小，厚度一般不超过 0.35 mm，天线的尺寸一般要比芯片大许多，天线的形状与工作频率等有关。封装后的电子标签尺寸可以小到 2 mm，也可以像居民身份证那么大。

电子标签的结构形式多种多样，有卡片型、环型、钮扣型、条型、盘型、钥匙扣型和手表型等。电子标签可能会是独立的标签形式，也可能会和诸如汽车点火钥匙集成在一起进行制造。

（1）第二代身份证标签。卡片型电子标签封装成卡片的形状，也常称为射频卡，如图 2-6 所示为我国第二代身份证。身份证内含有 RFID 芯片，也就是说，我国第二代身份证相当于一个电子标签，第二代身份证可以采用读卡器验证身份证的真伪，通过身份证读卡器，身份证芯片内所存储的姓名、地址和照片等信息将一一显示。

图 2-6 我国第二代身份证

（2）"市政交通一卡通"标签。"市政交通一卡通"用于覆盖一个城市的公交汽车、地铁、路桥收费和水电煤缴费等公共消费领域，是安全、快捷的清算与结算网络。"市政交通一卡通"利用射频技术和计算机网络，在公共平台上实现消费领域的电子化收费，"市政交通一卡通"如图 2-7 所示。

图 2-7　市政交通一卡通

（3）门禁卡标签。门禁卡是 RFID 最早的商业应用之一，可以携带的信息量较少，厚度是标准信用卡厚度的 2 ~ 3 倍，允许进入的特定人员会配发门禁卡。读写器安装在靠近大门的位置，读写器获取持卡人的信息，然后与后台数据库进行通信，以决定该持卡人是否可以进入该区域，门禁卡如图 2-8 所示。

图 2-8　门禁卡

（4）银行卡标签。银行卡可以采用射频识别卡，如图 2-9 所示。2005 年，美国出现一种新的信用卡"即付即走"（PayPass），这种信用卡内置 RFID 芯片，持卡人无需再采用传统的磁条刷卡，只需将信用卡靠近 POS 机附近的 RFID 读写器即可进行消费结算，结算过程在几秒之内即可完成。

图 2-9　银行卡

2.1.3　操作方法与步骤

1. RFID 设备参数的配置

（1）将 USB 串口线缆一端接入 RFID 教学实验实训平台的 RFID_Zigbee 通信接口，另一端接入 PC 机的 USB 接口，如图 2-10 所示。

图 2-10　USB 线缆接线设置

（2）当之前的 USB 串口驱动安装完成之后，在 PC 端中用鼠标右键单击"我的电脑"图标，弹出下拉菜单，选择"设备管理器"选项，如图 2-11 所示。

（3）打开"设备管理器"窗口，找到"端口（COM 和 LPT）"选项，展开选项之后出现如图 2-12 所示的设备串口，这里为 USB-SERIAL CH340（COM2），串口名称为 COM2。

（4）这里 RFID 读写模块与 RFID 嵌入式网关组成无线传感网络，然后通过对 RFID 卡进行读取，可以获取卡号信息，无线传输至 RFID 嵌入式网关，如图 2-13 所示。

图 2-11 PC 端的"设备管理器"选项

图 2-12 获取设备的串口名称

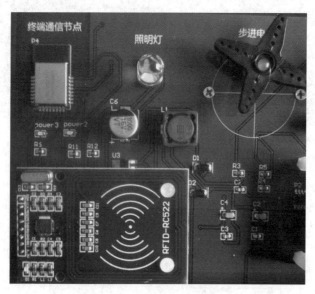

图 2-13 RFID 读写模块

（5）将数据通信挡位切换到 RFID_Zigbee 通信端挡之后，可以通过 PC 端串口通信读写 RFID 卡，如图 2-14 所示。

图 2-14 设置 RFID 的 Zigbee 通信端挡位

2. RFID 刷卡继电器控制程序的运行

（1）打开并运行刷卡继电器控制程序，如图 2-15 所示，获取 COM2 串口，然后单击"打开串口"按钮。

图 2-15 运行刷卡继电器控制程序

（2）将一张 RFID 卡放置在 RFID 读写器模块上，如图 2-16 所示。

（3）当窗体界面中显示如图 2-17 所示的卡号信息 B0329828，然后单击"设定继电器卡号"按钮，表示这张卡代表开启继电器，并单击勾选"启用联动模式"选项。

（4）当再一次将卡号信息为 B0329828 的卡放置在读写器模块上时，继电器将立即开启，如图 2-18 所示，继电器开启之后点亮指示灯。

项目 2

图 2-16　读写器放置 RFID 卡

图 2-17　设定继电器控制卡

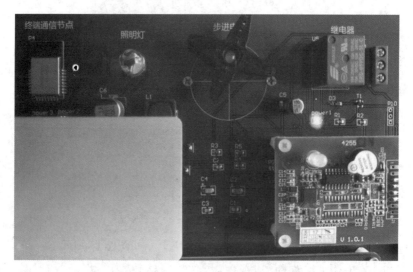

图 2-18　开启继电器

（5）当换另一张 RFID 卡放置在读写器模块上时，读写器识别出不是开启继电器的那张卡的卡号，如图 2-19 所示。

图 2-19　窗体显示 "继电器断开" 状态

（6）这时继电器将立即断开，如图 2-20 所示，继电器断开之后关闭指示灯。

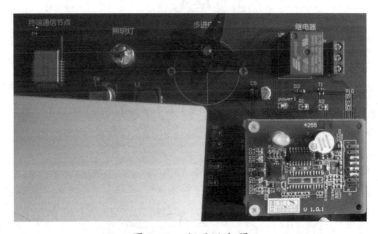

图 2-20　断开继电器

任务 2.2　　RFID 刷卡继电器控制程序开发

2.2.1　任务描述

通过运行上一个任务中的 RFID 刷卡继电器控制程序，可以将手中的 RFID 卡放在读写器上进行刷卡控制继电器开启，并将继电器状态信息显示在窗体界面上。本次任务由公司技术部负责人带领同学们通过编程实现 RFID 刷卡继电器控制程序设计，让同学们在这次项目实践中能够掌握编程实现刷卡控制继电器操作技术。

2.2.2　任务分析

RFID 刷卡继电器控制程序功能模块分成两个部分，一个是 RFID 射频识别模块，另一个是继电器控制模块，如图 2-21 所示为软件功能模块设计结构图。

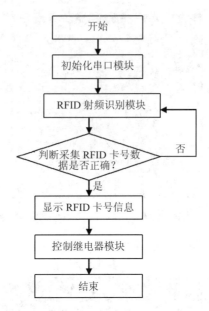

图 2-21　RFID 刷卡继电器控制程序功能模块设计结构图

　　继电器控制模块就是控制继电器的闭合和断开操作，当使用 RFID 卡在 RFID 射频识别模块上进行刷卡时,如果刷卡成功,将在 Windows 程序界面上显示当前的卡号信息,同时继电器进行闭合;当换另一张 RFID 卡进行刷卡时,继电器执行断开操作,如图 2-22 所示为继电器控制模块流程图。

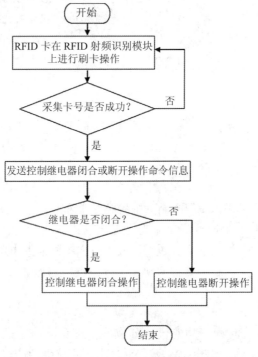

图 2-22　继电器控制模块流程图

2.2.3 操作方法与步骤

1. RFID 刷卡继电器控制程序窗体界面的设计

（1）创建 RFID 刷卡继电器控制程序工程项目。

1）打开 VS.NET 开发环境，在起始页的项目窗体界面中，单击菜单中"文件"下的"新建"按钮，选择"项目"选项，进入"新建项目"对话框，如图 2-23 所示。在左侧项目类型列表中选择 Windows 选项，在右侧的模板中选择"Windows 窗体应用程序"选项，在下方的"名称"输入栏中输入将要开发的应用程序名 RFIDControlRelayApp，在"位置"栏中选择应用程序所保存的路径位置，最后单击"确定"按钮。

图 2-23 "新建项目"对话框

2）RFID 刷卡继电器控制程序工程项目创建完成之后，会显示如图 2-24 所示的工程解决方案。

图 2-24 RFID 刷卡继电器控制程序工程项目解决方案

（2）窗体界面设计。

1）选中整个 Form 窗体，在属性栏的 Text 中输入"RFID 刷卡继电器控制程序"的文本值，如图 2-25 所示。

图 2-25　设置窗体名称文本信息

2）在界面设计中添加两个 Label 控件、一个 GroupBox 控件、一个 ComboBox 控件和一个 Button 控件，完成程序标题的显示和界面串口参数的选择，如图 2-26 所示。

图 2-26　串口界面设计

3）在界面设计中添加一个 GroupBox 控件、一个 TextBox 控件和一个 Button 控件，完成程序界面中 RFID 卡号信息的实时显示，并添加"设定继电器卡号"按钮，如图 2-27 所示。

4）在界面设计中添加一个 GroupBox 控件、一个 TextBox 控件和一个 CheckBox 复选框控件，完成程序 RFID 刷卡联动控制继电器界面设计，如图 2-28 所示。

5）从工具栏中选择一个定时器控制 timer 拖放到窗体界面中，设置相关属性和定时器事件，如图 2-29 所示。

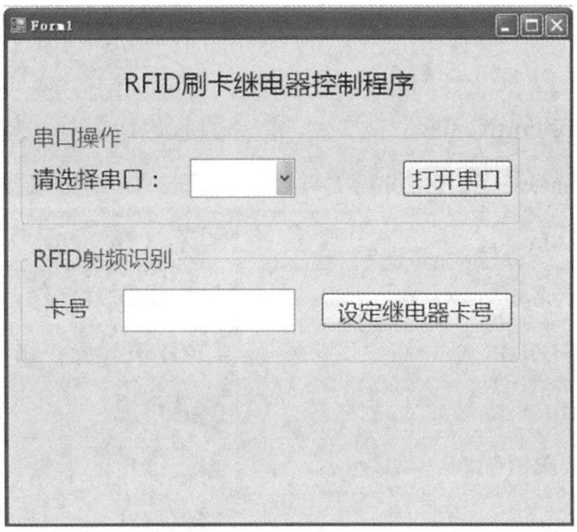

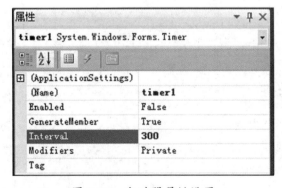

图 2-27   RFID 射频识别界面设计

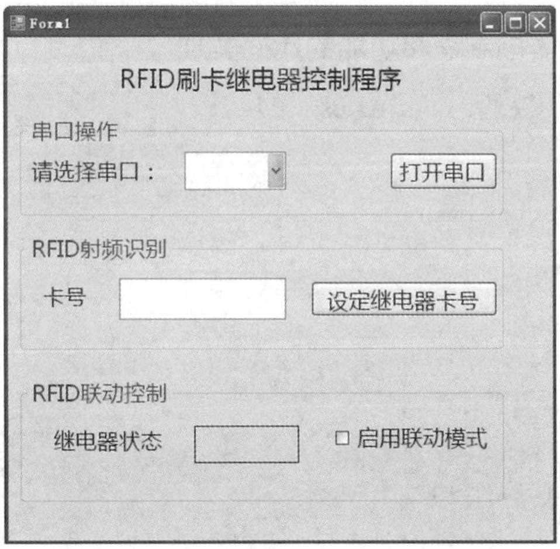

图 2-28   RFID 联动控制界面设计

图 2-29   定时器属性设置

6）将图 2-28 中的主要控件进行规范命名及设置初始值，如表 2-1 所示。

表 2-1　程序中各项主要控件的说明

控件名称	命名	说明
ComboBox	comboPortName	设置串口名称，如 Com1、Com2、Com3
Button	buttonOpenCloseCom	打开或关闭串口按钮
TextBox	RFIDon	显示 RFID 卡号信息文本框
GroupBox	gboxCom	串口操作组控件
GroupBox	gbRFIDID	RFID 卡号操作组控件
Label	labeltitle	标题信息
Button	btnSetRFIDID	设定继电器卡号控制
TextBox	txtstatus	继电器状态
CheckBox	cbkAutomode	选中复选按钮，启动联动控制
Timer	timer1	定时器控件

2．RFID 刷卡继电器控制程序功能的代码实现

（1）Form1 窗体代码文件（Form1.cs）的结构。

```csharp
using System;
using System.Collections.Generic;
using System.ComponentModel;
using System.Data;
using System.Drawing;
using System.Linq;
using System.Text;
using System.Windows.Forms;
using System.IO.Ports;
using System.Text.RegularExpressions;

namespace RFIDRelayControlApp
{
    public partial class Form1: Form
    {
        private SerialPort comm = new SerialPort();          // 新建一个串口变量
        private StringBuilder builder = new StringBuilder();  // 避免在事件处理方法中反复创
                                                              // 建，定义到外面

        string newstrdata = "";
        private bool IsAuto;
        private bool relay_on;
        private string SetrelayID;
        public Form1()
        {
            InitializeComponent();
        }
        private void Form1_Load(object sender, EventArgs e)
        {
        }
```

```
    private void buttonOpenCloseCom_Click(object sender, EventArgs e)
    {
    }
    void comm_DataReceived(object sender, SerialDataReceivedEventArgs e)
    {
    }
    private void cbkAutomode_CheckedChanged(object sender, EventArgs e)
    {
    }
    private void timer1_Tick(object sender, EventArgs e)
    {
    }
    private void btnSetRFIDID_Click(object sender, EventArgs e)
    {
    }
  }
}
```

（2）方法说明。

1）Form1_Load 方法。当窗体加载时，一方面执行串口类的 GetPortNames 方法，使之获得当前 PC 端可用的串口，并显示在下拉列表框中；另一方面添加事件处理函数 comm.DataReceived，使得当串口缓冲区有数据时，执行 comm_DataReceived 方法读取串口数据并处理。代码的具体实现如下：

```
private void Form1_Load(object sender, EventArgs e)
  {
    string[] ports = SerialPort.GetPortNames();
    Array.Sort(ports);
    comboPortName.Items.AddRange(ports);
    comboPortName.SelectedIndex = comboPortName.Items.Count > 0 ? 0 : -1;
    // 初始化 SerialPort 对象
    comm.DataReceived += comm_DataReceived;
    relay_on = false;
    IsAuto = false;
    SetrelayID = "";
    cbkAutomode.Enabled = false;
  }
```

2）打开或关闭串口方法。单击"打开串口"按钮时，执行打开串口方法，通过主界面窗体上的下拉列表框选择可用的串口，如串口名称 Com1，设置波特率为 9600，打开串口；单击"关闭串口"按钮时，执行关闭串口方法。在该方法中将打开的串口对象进行关闭操作的代码具体实现如下：

```
private void buttonOpenCloseCom_Click(object sender, EventArgs e)
  {
    // 根据当前的串口对象来判断操作
    if (comm.IsOpen)
    {
      comm.Close();
      RFIDon.Text = "";
      labeldoor.Text = "";
```

```
        btnIDoff.Enabled = false;
        btnIDon.Enabled = false;
        cbkAutomode.Enabled = false;
    }
    else
    {
        // 关闭时单击，设置好端口、波特率后打开
        comm.PortName = comboPortName.Text;
        comm.BaudRate = 9600;
        try
        {
            comm.Open();
        }
        catch (Exception ex)
        {
            // 捕获到异常信息，创建一个新的 comm 对象，之前的不能用了
            comm = new SerialPort();
            // 显示异常信息给客户
            MessageBox.Show(ex.Message);
        }
        btnIDoff.Enabled = true;
        btnIDon.Enabled = true;
        cbkAutomode.Enabled = true;
    }
    // 设置按钮的状态
    buttonOpenCloseCom.Text = comm.IsOpen ? " 关闭串口 ":" 打开串口 ";
}
```

3）读取串口数据方法。当串口缓冲区有数据时，执行 comm_DataReceived 方法读取串口数据。从串口读出数据之后判断字符串是否以"ID:"开始，如果成立，则取"ID:"字符串后面的 8 个字符，即为卡号信息。代码的具体实现如下：

```
void comm_DataReceived(object sender, SerialDataReceivedEventArgs e)
{
    this.BeginInvoke(new Action(() =>
    {
        string serialdata = comm.ReadExisting();
        newstrdata += serialdata;
        if (newstrdata.LastIndexOf("ID:") >= 0)
        {
            int tempindex = newstrdata.LastIndexOf("ID:");
            if (newstrdata.Substring(tempindex + 3).Length > 0)
            {
                RFIDon.Text = newstrdata.Substring(tempindex + 3, 8);
            }
            newstrdata = "";
        }
    }
    ), null);
}
```

4）设定继电器卡号控制方法。单击"设定继电器卡号"按钮时，将当前 RFID 模块识别的 RFID 卡号信息作为继电器控制条件，代码的具体实现如下：

```
private void btnSetRFIDID_Click(object sender, EventArgs e)
    {
        if (RFIDon.Text.Trim() != "")
        {
            SetrelayID = RFIDon.Text.Trim();
        }
    }
```

5）联动开启和关闭方法。当选择"启用联动模式"选项时，开启定时器 timer 执行联动操作，设置 IsAuto 值为 true；当取消选择"启用联动模式"选项时，关闭定时器 timer 执行联动停止操作，设置 IsAuto 值为 false。功能代码如下：

```
private void cbkAutomode_CheckedChanged(object sender, EventArgs e)
    {
        if (cbkAutomode.Checked)
        {
            IsAuto = true;
            timer1.Enabled = true;
            RFIDon.Text = "";
            txtstatus.Text = "";
        }
        else
        {
            IsAuto = false;
            timer1.Enabled = false;
            txtstatus.Text = "";
        }
    }
```

6）定时器操作方法。当定时器 timer 开启之后执行此方法，首先根据当前所识别的 RFID 卡号判断是否为之前所设定的 RFID 卡号，如果是，则将继电器闭合，否则刷其他的卡，继电器将断开。功能代码如下：

```
private void timer1_Tick(object sender, EventArgs e)
    {
        if (IsAuto == true && comm.IsOpen)
        {
        if (RFIDon.Text.Trim() == SetrelayID)
        {
            if (!relay_on)
            {
                comm.Write("287");
                relay_on = true;
                txtstatus.Text = " 继电器闭合 ";
            }
        }
        else
        {
            if (RFIDon.Text.Trim() != "" && RFIDon.Text.Trim() != SetrelayID)
```

```
        {
          if (relay_on)
          {
            comm.Write("287");
            System.Threading.Thread.Sleep(500);
            relay_on = false;
            txtstatus.Text = " 继电器断开 ";
          }
        }
      }
    }
  }
}
```

RFID 刷卡继电器控制程序的运行界面如图 2-30 所示。

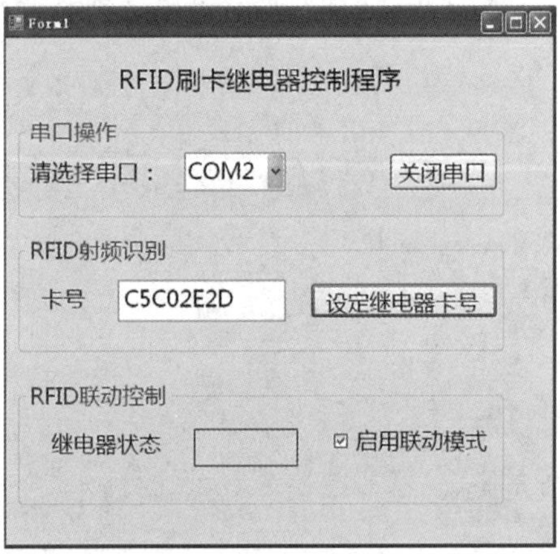

图 2-30　RFID 刷卡继电器控制程序的运行界面

思考与练习

1．填空题

（1）按照应用领域和具体特征的分类标准进行分类，自动识别技术可以分为条码识别技术、_____、_____、磁卡识别技术、IC 卡识别技术、_____ 和射频识别技术等，其中，条码是 _____ 技术、磁卡是磁识别技术、IC 卡是电识别技术、射频识别是 _____ 技术。

（2）一个标准的 IC 卡应用系统通常包括 _____、_____ 和 PC。

（3）根据读写方式的不同，可以将 IC 卡分为 _____IC 卡和 _____IC 卡两种类型。

（4）根据 IC 内芯片类型的不同，可以将 IC 卡分为 _____ 卡、_____ 卡和 CPU 卡三种类型。

（5）电子标签的结构形式多种多样，有 _____ 型、_____ 型、钮扣型、条型、盘型、_____ 扣型和手表型等。

2．简答题

（1）简述 IC 卡识别技术。

（2）简述条码识别技术。

（3）简述磁卡识别技术。

3．举例说明

（1）举出一些 IC 卡识别技术在日常生活中的应用场景。

（2）举出一些条码识别技术在日常生活中的应用场景。

（3）举出一些磁卡识别技术在日常生活中的应用场景。

项目 3
RFID 刷卡灯光控制应用

💬 【项目情境】

公司技术部负责人带领同学们参观了公司刷卡灯光控制系统，这是一套安全有效的节能灯光控制系统，公司员工将手中的一张 RFID 卡进行读写器刷卡之后，可以立即开启所在办公室的灯光，更换一张 RFID 卡之后，可以立即关闭灯光，有效地保障了公司的灯光照明系统。

📖 【学习目标】

1. 知识目标

- 掌握 RFID 系统的基本组成。
- 熟悉射频识别系统的一般工作流程。
- 理解阅读器、电子标签和天线的概念。

2. 技能目标

- 能正确使用设备通过刷卡控制灯光。
- 能正确掌握刷卡灯光控制程序的设计。
- 能正确掌握刷卡灯光控制程序的功能实现。
- 能正确运行刷卡灯光控制程序。

任务 3.1   认识 RFID 系统的工作原理及应用

3.1.1　任务描述

公司技术部负责人先给同学们详细讲解了 RFID 系统的基本组成部分和 RFID 工作原理的相关知识，然后带领同学们动手实践 RFID 射频识别技术，通过运行刷卡灯光控制程序，模拟公司办公场所的灯光控制场景，让同学们在这次项目实践中能够感受通过刷卡实现灯光的打开和关闭控制操作。

3.1.2　任务分析

1. RFID 系统的基本组成部分

RFID 射频识别系统主要包括电子标签、阅读器、天线和应用软件四部分，RFID 射频识别系统的结构框图如图 3-1 所示。

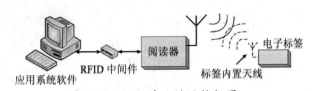

图 3-1　RFID 系统的结构框图

从图 3-1 可以看出，在阅读器与电子标签的模块中均有数据的输入与输出，并且在两大模块中传输的还有能量与时钟。

（1）阅读器。读取（或写入）标签信息的设备可以设计为手持式或固定式。手持式是超市收银员用的那种，比较小，如图 3-2 所示。

图 3-2　手持式阅读器

固定式则是物流公司在仓库入库物品时门口摆置的那种不动的阅读器，如图 3-3 所示，物体一扫而过，在瞬间即完成了扫描读入。

图 3-3　固定式阅读器

（2）天线。用于在标签和读取器间传递射频的信号，如图 3-4 所示。

图 3-4　RFID 天线

（3）标签。标签是由耦合元件和芯片组成，每个标签具有唯一的电子编码，附着在物体上用来标识目标对象，如图 3-5 所示为阅读器查询标签示意图。

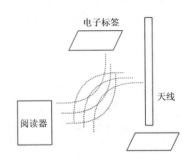

图 3-5　阅读器查询标签示意图

（4）应用软件。应用软件是 RFID 系统针对不同需求进行开发的软件，它可以通过阅读器对电子标签进行读写和控制，将收集到的数据进行处理和统计。

2．RFID 系统的工作原理

阅读器与电子标签可以按约定的通信协议互传信息，通常由阅读器向电子标签发送命令，电子标签根据收到的阅读器命令将内存的标识性数据回传给阅读器。RFID 射频识别系统的工作流程如图 3-6 所示。

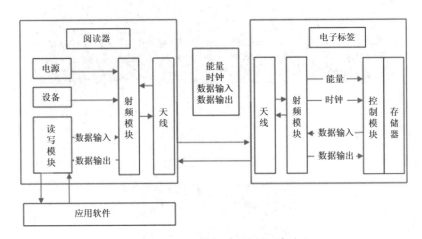

图 3-6　RFID 射频系统的工作流程

RFID 射频识别系统的一般工作流程如下：

（1）阅读器通过天线发射发送一定频率的射频信号。

（2）电子标签进入磁场后，接收阅读器发出的射频信号，凭借感应电流所获得的能量被激活（无源标签），或者由电子标签主动发送某一频率的信号（有源标签）。

（3）电子标签将自身信息通过内置天线发送出去。

（4）阅读器天线接收从电子标签发送的载波信息。

（5）阅读器天线将接收到的载波信号传送到阅读器。

（6）阅读器对接收信号进行解调和解码，经解调和解码后将有效信息送至后台主机系统进行相关的处理。

（7）主机系统根据逻辑运算识别该标签的身份，针对不同的设定作出相应的处理和控制，最终发出指令信号控制阅读器完成相应的读写操作。

3.1.3　操作方法与步骤

1. RFID 设备参数的配置

（1）将 USB 串口线缆一端接入 RFID 教学实验实训平台的 RFID_Zigbee 通信接口，另一端接入 PC 机的 USB 接口，如图 3-7 所示。

图 3-7　USB 线缆接线设置

（2）当之前的 USB 串口驱动安装完成之后，在 PC 端中用鼠标右键单击"我的电脑"图标，弹出下拉菜单，选择"设备管理器"选项，如图 3-8 所示。

图 3-8　PC 端的"设备管理器"选项

（3）打开"设备管理器"窗口，找到"端口（COM 和 LPT）"选项，展开选项之后出现如图 3-9 所示的设备串口，这里为 USB-SERIAL CH340（COM2），串口名称为COM2。

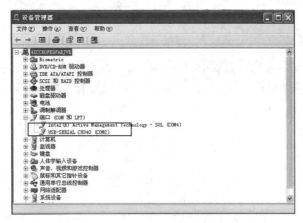

图 3-9　获取设备的串口名称

（4）这里 RFID 读写模块与 RFID 嵌入式网关组成无线传感网络，然后通过对RFID 卡进行读取，可以获取卡号信息，无线传输至 RFID 嵌入式网关，如图 3-10 所示。

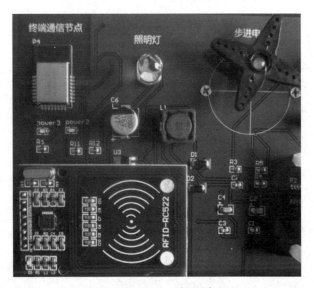

图 3-10　RFID 读写模块

（5）将数据通信挡位切换到 RFID_Zigbee 通信端挡之后，可以通过 PC 端串口通信读写 RFID 卡，如图 3-11 所示。

2. RFID 刷卡灯光控制程序的运行

（1）打开并运行刷卡灯光控制程序，如图 3-12 所示，获取 COM2 串口，然后单击"打开串口"按钮。

图 3-11　设置 RFID 的 Zigbee 通信端挡位

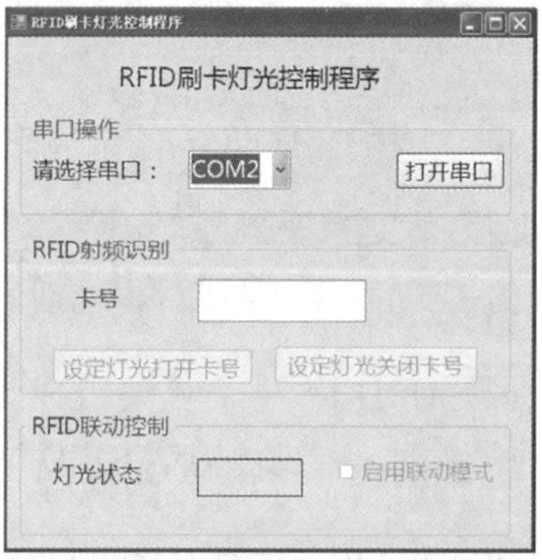

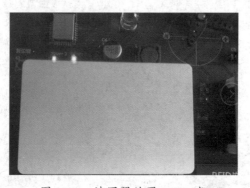

图 3-12　运行刷卡继电器控制程序

（2）将一张 RFID 卡放置在 RFID 读写器模块上，如图 3-13 所示。

图 3-13　读写器放置 RFID 卡

（3）当窗体界面中显示如图 3-14 所示的卡号信息 B0329828，然后单击"设定灯光打开卡号"按钮，表示这张卡是打开灯光的卡。

（4）当换一张 RFID 卡放置在读写器模块上时，窗体界面中显示如图 3-15 所示的卡号信息 01F99C2E，然后单击"设定灯光关闭卡号"按钮，表示这张卡是关闭灯光的卡，并单击选中"启用联动模式"选项。

（5）将之前卡号为 B0329828 的 RFID 卡放置在读写器上，这时界面中的"灯光状态"显示为"灯光打开"的文本信息，如图 3-16 所示。

图 3-14 设定灯光打开卡号

图 3-15 设定灯光关闭卡号

图 3-16 "灯光打开"状态

（6）这时设备上的灯光控制模块将同步点亮照明灯，如图 3-17 所示。

（7）将之前卡号为 01F99C2E 的 RFID 卡放置在读写器上，这时界面中的"灯光状态"显示为"灯光关闭"的文本信息，如图 3-18 所示。

图 3-17 刷卡点亮灯光

（8）这时设备上的灯光控制模块将同步关闭照明灯，如图 3-19 所示。

图 3-18　"灯光关闭"状态

图 3-19　刷卡关闭灯光

任务 3.2　　RFID 刷卡灯光控制程序开发

3.2.1　任务描述

通过运行上一个任务中的 RFID 刷卡灯光控制程序，可以将手中的 RFID 卡放在读写器上进行刷卡控制灯光点亮或关闭，并将状态信息显示在窗体界面中。本次任务由公司技术部负责人带领同学们通过编程实现 RFID 刷卡灯光控制程序功能，让同学们在这次项目实践中能够掌握编程实现刷卡控制灯光操作技术。

3.2.2　任务分析

1．RFID 刷卡灯光控制程序功能结构

RFID 刷卡灯光控制程序功能模块分成两个部分：一个是 RFID 射频识别模块，另一个是灯光控制模块，如图 3-20 所示为软件功能模块设计结构图。

2．灯光控制模块的设计

灯光控制模块用于控制照明灯的开启和关闭操作。当使用 RFID 卡在 RFID 射频识别模块上进行刷卡时，如果刷卡成功，将在 Windows 程序界面中显示当前的卡号信息，其中一张 RFID 卡刷卡后可以开启灯光，另一张 RFID 卡刷卡后可以关闭灯光，如图 3-21 所示为刷卡控制灯光模块流程图。

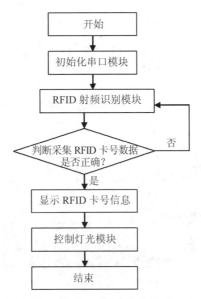

图 3-20 软件功能模块设计结构图

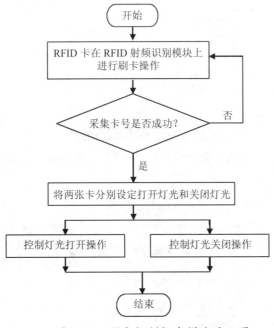

图 3-21 刷卡控制灯光模块流程图

3.2.3 操作方法与步骤

1. RFID 刷卡灯光控制程序窗体界面的设计

（1）创建 RFID 刷卡灯光控制程序工程项目。

1）打开 VS.NET 开发环境，在起始页的项目窗体界面中，单击菜单中"文件"下的"新建"按钮，选择"项目"选项，进入"新建项目"对话框，如图 3-22 所示。在左侧项目类型列表中选择 Windows 选项，在右侧的模板中选择"Windows 窗体应用程序"选项，在下方的"名称"输入栏中输入将要开发的应用程序名 RFIDLedControlApp，在"位置"栏中选择应用程序所保存的路径位置，最后单击"确定"按钮。

图 3-22　"新建项目"对话框

2）RFID 刷卡灯光控制程序工程项目创建完成之后，会显示如图 3-23 所示的工程解决方案。

图 3-23　RFID 刷卡灯光控制程序工程项目解决方案

（2）窗体界面设计。

1）选中整个 Form 窗体，在属性栏的 Text 中输入"RFID 刷卡灯光控制程序"的文本值，如图 3-24 所示。

图 3-24　设置窗体名称文本信息

2）在界面设计中添加两个 Label 控件、一个 GroupBox 控件、一个 ComboBox 控件和一个 Button 控件，完成程序标题的显示和界面串口参数的选择，如图 3-25 所示。

3）在界面设计中添加一个 GroupBox 控件、一个 TextBox 控件和两个 Button 按钮控件，完成程序 RFID 卡号信息的实时显示，并添加设定灯光控制卡号按钮，如图 3-26 所示。

图 3-25　串口界面设计　　　　　图 3-26　RFID 射频识别界面设计

4）在界面设计中添加一个 GroupBox 控件、一个 TextBox 控件和一个 CheckBox 复选框控件，完成程序 RFID 刷卡联动控制灯光界面设计，如图 3-27 所示。

图 3-27　RFID 刷卡联动控制灯光界面设计

5）从工具栏中选择一个定时器控制 timer 拖放到窗体界面中，设置相关属性和定时器事件，如图 3-28 所示。

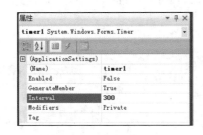

图 3-28　定时器属性设置

6）将图 3-2 中的主要控件进行规范命名及设置初始值，如表 3-1 所示。

表 3-1　程序中各项主要控件的说明

控件名称	命名	说明
ComboBox	comboPortName	设置串口名称，如 Com1、Com2、Com3
Button	buttonOpenCloseCom	打开或关闭串口按钮
TextBox	RFIDon	显示 RFID 卡号信息文本框
GroupBox	gboxCom	串口操作组控件
GroupBox	gbRFIDID	RFID 卡号操作组控件
Label	labeltitle	标题信息
Button	btnIDoff	设定灯光关闭控制
Button	btnIDon	设定灯光打开控制
TextBox	txtstatus	灯光状态
CheckBox	cbkAutomode	选中复选按钮，启动联动控制
Timer	timer1	定时器控件

2．RFID 刷卡灯光控制程序功能的代码实现

（1）Form1 窗体代码文件（Form1.cs）的结构。

```
using System;
using System.Collections.Generic;
using System.ComponentModel;
using System.Data;
using System.Drawing;
using System.Linq;
using System.Text;
using System.Windows.Forms;
using System.IO.Ports;

namespace RFIDLedControlApp
{
    public partial class Form1: Form
    {
        private SerialPort comm = new SerialPort();         // 新建一个串口变量
        private StringBuilder builder = new StringBuilder(); // 避免在事件处理方法中反复创
                                                             // 建，定义到外面

        string newstrdata = "";
        private bool IsAuto;
        private bool led_on;
        private string LedIDon, LedIDoff;
        public Form1()
        {
            InitializeComponent();
        }
```

```
        private void Form1_Load(object sender, EventArgs e)
        {
        }
        private void buttonOpenCloseCom_Click(object sender, EventArgs e)
        {
        }
        void comm_DataReceived(object sender, SerialDataReceivedEventArgs e)
        {
        }
        private void btnIDon_Click(object sender, EventArgs e)
        {
        }
        private void btnIDoff_Click(object sender, EventArgs e)
        {
        }
        private void cbkAutomode_CheckedChanged(object sender, EventArgs e)
        {
        }
        private void timer1_Tick(object sender, EventArgs e)
        {
        }
    }
}
```

（2）方法说明。

1）Form1_Load 方法。当窗体加载时，一方面执行串口类的 GetPortNames 方法，使之获得当前 PC 端可用的串口，并显示在下拉列表框中；另一方面添加事件处理函数 comm.DataReceived，使得当串口缓冲区有数据时，执行 comm_DataReceived 方法读取串口数据并处理。代码的具体实现如下：

```
        private void Form1_Load(object sender, EventArgs e)
        {
            string[] ports = SerialPort.GetPortNames();
            Array.Sort(ports);
            comboPortName.Items.AddRange(ports);
            comboPortName.SelectedIndex = comboPortName.Items.Count > 0 ? 0 : -1;
            // 初始化 SerialPort 对象
            comm.DataReceived += comm_DataReceived;
            led_on = false;
            IsAuto = false;
            btnIDoff.Enabled = false;
            btnIDon.Enabled = false;
            cbkAutomode.Enabled = false;
            LedIDon = "";
            LedIDoff = "";
        }
```

2）打开或关闭串口方法。单击"打开串口"按钮时，执行打开串口方法，通过主界面窗体上的下拉列表框选择可用的串口，如串口名称 Com2，设置波特率为 9600，打开串口；单击"关闭串口"按钮时，执行关闭串口方法。代码的具体实现如下：

```csharp
private void buttonOpenCloseCom_Click(object sender, EventArgs e)
{
    // 根据当前的串口对象来判断操作
    if (comm.IsOpen)
    {
        comm.Close();
        RFIDon.Text = "";
        labeldoor.Text = "";
        btnIDoff.Enabled = false;
        btnIDon.Enabled = false;
        cbkAutomode.Enabled = false;
    }
    else
    {
        // 关闭时单击，设置好端口、波特率后打开
        comm.PortName = comboPortName.Text;
        comm.BaudRate = 9600;
        try
        {
            comm.Open();
        }
        catch (Exception ex)
        {
            // 捕获到异常信息，创建一个新的 comm 对象，之前的不能用了
            comm = new SerialPort();
            // 显示异常信息给客户
            MessageBox.Show(ex.Message);
        }
        btnIDoff.Enabled = true;
        btnIDon.Enabled = true;
        cbkAutomode.Enabled = true;
    }
    // 设置按钮的状态
    buttonOpenCloseCom.Text = comm.IsOpen ? " 关闭串口 " : " 打开串口 ";
}
```

3）读取串口数据方法。当串口缓冲区有数据时，执行 comm_DataReceived 方法读取串口数据。从串口读出数据之后判断字符串是否以 "ID:" 开始，如果成立，则取 "ID:" 字符串后面的 8 个字符，即为卡号信息。代码的具体实现如下：

```csharp
void comm_DataReceived(object sender, SerialDataReceivedEventArgs e)
{
    this.BeginInvoke(new Action(() =>
    {
        string serialdata = comm.ReadExisting();
        newstrdata += serialdata;
        if (newstrdata.LastIndexOf("ID:") >= 0)
        {
            int tempindex = newstrdata.LastIndexOf("ID:");
            if (newstrdata.Substring(tempindex + 3).Length > 0)
            {
```

```
                    RFIDon.Text = newstrdata.Substring(tempindex + 3, 8);
                }
                newstrdata = "";
            }
        }
    ), null);
}
```

4）设定打开灯光卡号控制方法。单击"设定灯光打开卡号"按钮时，将当前 RFID 模块识别的 RFID 卡号信息作为打开灯光的控制条件，代码的具体实现如下：

```
private void btnIDon_Click(object sender, EventArgs e)
{
    if (RFIDon.Text.Trim() != "")
    {
        LedIDon = RFIDon.Text.Trim();
        btnIDon.Enabled = false;
    }
}
```

5）设定关闭灯光卡号控制方法。单击"设定灯光关闭卡号"按钮时，将当前 RFID 模块识别的 RFID 卡号信息作为关闭灯光的控制条件，代码的具体实现如下：

```
private void btnIDoff_Click(object sender, EventArgs e)
{
    if (RFIDon.Text.Trim() != "")
    {
        LedIDoff = RFIDon.Text.Trim();
        btnIDoff.Enabled = false;
    }
}
```

6）联动开启和关闭方法。当选择"启用联动模式"选项时，开启定时器 timer 执行联动操作，设置 IsAuto 值为 true；当取消选择"启用联动模式"选项时，关闭定时器 timer 执行联动停止操作，设置 IsAuto 值为 false。功能代码如下：

```
private void cbkAutomode_CheckedChanged(object sender, EventArgs e)
{
    if (cbkAutomode.Checked)
    {
        IsAuto = true;
        timer1.Enabled = true;
        RFIDon.Text = "";
        txtstatus.Text = "";
    }
    else
    {
        IsAuto = false;
        timer1.Enabled = false;
        txtstatus.Text = "";
    }
}
```

项目 3

7）定时器操作方法。当定时器 timer 开启之后执行此方法，如果当前所识别的 RFID 卡号为之前所设定的打开灯光的 RFID 卡号，则将灯光打开；如果当前所识别的 RFID 卡号为之前所设定的关闭灯光的 RFID 卡号，则将灯光关闭。功能代码如下：

```
private void timer1_Tick(object sender, EventArgs e)
{
  if (IsAuto == true && comm.IsOpen)
  {
    if (RFIDon.Text.Trim() == LedIDon)
    {
      if (!led_on)
      {
        comm.Write("227");
        led_on = true;
        this.labeldoor.Text = " 开门 ";
        txtstatus.Text = " 灯光打开 ";
      }
    }
    else
    {
      if (RFIDon.Text.Trim() == LedIDoff)
      {
        if (led_on)
        {
          comm.Write("227");
          System.Threading.Thread.Sleep(500);
          this.labeldoor.Text = " 关门 ";
          led_on = false;
          txtstatus.Text = " 灯光关闭 ";
        }
      }
    }
  }
}
```

RFID 刷卡灯光控制程序的运行界面如图 3-29 所示。

图 3-29　RFID 刷卡灯光控制程序的运行界面

思考与练习

1. 填空题

（1）RFID 射频识别系统主要包括 _____、_____、_____ 和 _____ 四部分。

（2）读取（或写入）标签信息的设备是 _____，可以设计为 _____ 或 _____。

（3）在标签和读取器间传递射频的信号用的是 _____。

（4）标签是由 _____ 和 _____ 组成，每个标签具有唯一的电子编码，附着在物体上用来标识目标对象。

（5）_____ 是 RFID 系统针对不同需求进行开发的软件。

2. 简答题

（1）简述 RFID 系统的工作原理。

（2）简述 RFID 射频识别系统的一般工作流程。

项目 4
RFID 刷卡步进电机控制应用

【项目情境】

公司技术部负责人带领同学们参观公司刷卡门禁控制系统，这是一套安全有效的门禁控制系统，公司员工将手中的一张 RFID 卡进行读写器刷卡之后，可以立即开启所在办公室楼层的玻璃大门，更换一张 RFID 卡进行刷卡之后，可以立即关闭玻璃大门，有效地保障了公司员工的出入安全。

【学习目标】

1. 知识目标

● 熟悉 RFID 系统的工作频率种类。
● 掌握 RFID 低频应用。
● 掌握 RFID 高频应用。
● 掌握 RFID 超高频应用。

2. 技能目标

● 能正确使用设备通过刷卡控制步进电机。
● 能正确掌握刷卡步进电机控制程序的设计。
● 能正确掌握刷卡步进电机控制程序的功能实现。
● 能正确运行刷卡步进电机控制程序。

任务 4.1 认识 RFID 系统的工作频率及应用

4.1.1 任务描述

公司技术部负责人先给同学们详细讲解了 RFID 系统工作频率的相关知识，然后带领同学们动手实践 RFID 射频识别技术，通过运行刷卡步进电机控制程序，模拟公司办公场所的门禁控制场景，让同学们在这次项目实践中能够感受通过刷卡实现将步进电机进行正转和反转控制的操作。

4.1.2 任务分析

1. RFID 系统的工作频率

目前，RFID 产品的工作频率有低频、高频和超高频等，不同频段的 RFID 产品会有不同的特性。

（1）低频（125 ～ 135kHz）。该频率主要是通过电感耦合的方式进行一些相关的工作，在感应器线圈和读写器线圈之间存在着有关变压器耦合的作用。通过读写器的相关交变场的作用，使其在感应器的天线中能够感应的电压可以被整流，这样可作供电电压使用。

主要特性：①除了金属材料等一些相关影响外，一般低频系统能够穿过任意材料的物品，但却不会降低它的最大读取距离；②工作在低频的读写器，在整个地球上没有任何特殊的许可限制；③低频产品有不同的封装形式，最好的封装形式的缺点就是它的价格太贵，但有 10 年以上的使用寿命；④工作在低频的感应器的工作频率为 120～134kHz，该频段的波长约为 2500m。

主要应用：①畜牧业动物的管理系统，如图 4-1 所示；②汽车防盗和无钥匙开门系统的应用；③自动停车场收费和车辆管理系统；④自动加油系统的应用。

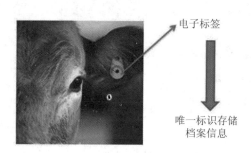

图 4-1　畜牧业 RFID 低频应用

（2）高频（13.56MHz）。该频率的感应器将不再需要线圈来对它进行绕制，可以通过腐蚀或印刷的方式制作天线。感应器通常情况下是通过负载调制的方式来进行相关的工作，也就是通过感应器上负载电阻的接通和断开，从而促使读写器天线上的电压发生一些变化，这样能够实现用远距离的感应器来对天线电压等进行振幅调制的作用。如果人们使用数据控制负载电压的接通和断开，则这些数据就能够很快从感应器传输到读写器。

主要特性：①除了金属材料之外，该频率的波长可以穿过绝大多数的材料，但会降低读取距离，感应器往往需要离开金属一段距离；②虽然该频率的磁场区域下降很快，但是能够产生相对均匀的读写区域；③该系统具有防冲撞的良好特性，能够同时读取很多个电子标签；④感应器通常以电子标签的形式存在。

主要应用：①图书档案管理系统的应用；②服装生产线及物流系统管理和应用；③三表预收费系统；④酒店门锁的管理和应用；⑤大型会议人员通道系统，如图 4-2 所示。

图 4-2　大型会议人员通道系统 RFID 高频应用

（3）超高频（860 ～ 960MHz）。超高频系统主要是通过电容耦合的方式来实现相互通信的，通过电场来传输能量，电场的能量下降得不是很快，这样超高频段的读取距离就比较远，无源的能达到 10m 左右。

主要特性：①该频段有较好的读取距离，但对于读取区域则很难进行定义；②具有特别高的数据传输速率，它在很短的时间内可以读取大量有关的电子标签；③超高频频段的电波不能通过多种应用材料，尤其是水、灰尘等物质，但对于那些高频段的电子标签来说，该频段的标签无须与金属分开；④电子标签的天线通常有长条状和标签状两种形式，天线则有线性和圆极化两种不同形状的设计，以满足不同的应用市场的需求。

主要应用：①物流与供应链管理解决方案；②生产线自动化的管理和应用，如图 4-3 所示；③航空包裹的管理和应用；④集装箱的管理和应用。

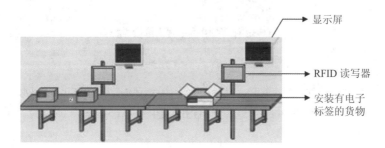

图 4-3　生产线 RFID 超高频应用

4.1.3　操作方法与步骤

1. RFID 设备参数的配置

（1）将 USB 串口线缆一端接入 RFID 教学实验实训平台的 RFID_Zigbee 通信接口，另一端接入 PC 机的 USB 接口，如图 4-4 所示。

图 4-4　USB 线缆接线设置

（2）当之前的 USB 串口驱动安装完成之后，在 PC 端中用鼠标右键单击"我的电脑"图标，弹出下拉菜单，选择"设备管理器"选项，如图 4-5 所示。

图 4-5　PC 端的"设备管理器"选项

（3）打开"设备管理器"窗口，找到"端口（COM 和 LPT）"选项，展开选项之后出现如图 4-6 所示的设备串口，这里为 USB-SERIAL CH340（COM2），串口名称为 COM2。

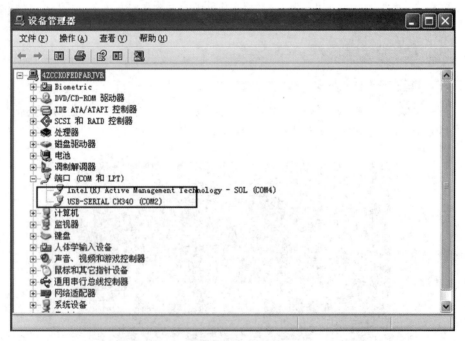

图 4-6　获取设备的串口名称

（4）这里 RFID 读写模块与 RFID 嵌入式网关组成无线传感网络，然后通过对 RFID 卡进行读取，可以获取卡号信息，无线传输至 RFID 嵌入式网关，如图 4-7 所示。

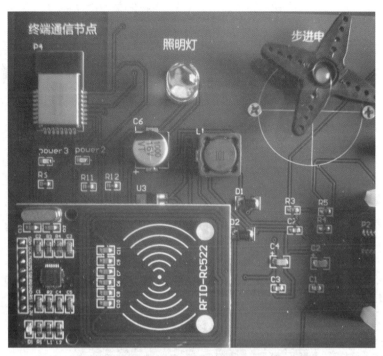

图 4-7　RFID 读写模块

（5）将数据通信挡位切换到 RFID_Zigbee 通信端挡之后，可以通过 PC 端串口通信读写 RFID 卡，如图 4-8 所示。

图 4-8　设置 RFID 的 Zigbee 通信端挡位

2．RFID 刷卡步进电机控制程序的运行

（1）打开并运行刷卡步进电机控制程序，如图 4-9 所示，获取 COM2 串口，然后单击"打开串口"按钮。

（2）将一张 RFID 卡放置在 RFID 读写器模块上，如图 4-10 所示。

（3）当窗体界面中显示如图 4-11 所示的卡号信息 01F99C2E，然后单击"设定开门卡号"按钮，代表这张卡是控制步进电机正转（模拟开门）的卡。

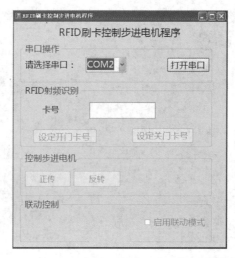

图 4-9　运行刷卡步进电机控制程序

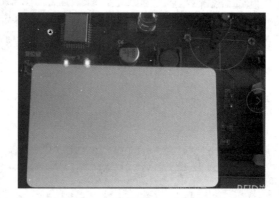

图 4-10　读写器放置 RFID 卡

图 4-11　设定开门卡号

（4）当换一张 RFID 卡放置在读写器模块上时，窗体界面中显示如图 4-12 所示的卡号信息 B0329828，然后单击"设定关门卡号"按钮，代表这张卡是控制步进电机反转（模拟关门）的卡，并单击选中"启用联动模式"选项。

图 4-12 设定关门卡号

（5）将之前卡号为 01F99C2E 的 RFID 卡放置在读写器上，这时界面状态会显示"开门"的文本信息及开门状态的图片，如图 4-13 所示。

图 4-13 开门状态

（6）这时设备上的步进电机控制模块顺时针旋转一定角度，模拟开门，如图 4-14 所示。

（7）将之前卡号为 B0329828 的 RFID 卡放置在读写器上，这时界面状态会显示"关门"的文本信息及关门状态的图片，如图 4-15 所示。

（8）这时设备上的步进电机控制模块逆时针旋转一定角度，模拟关门，如图 4-16 所示。

终端通信节点
照明灯
复位键

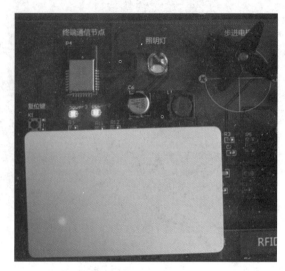

图 4-14　刷卡开门

RFID刷卡控制步进电机程序
RFID刷卡控制步进电机程序
串口操作
请选择串口：
COM2
关闭串口
RFID射频识别
卡号
B0329828
设定开门卡号
设定关门卡号
控制步进电机
正传
反转
联动控制
关门
启用联动模式

图 4-15　关门状态

终端通信节点
照明灯

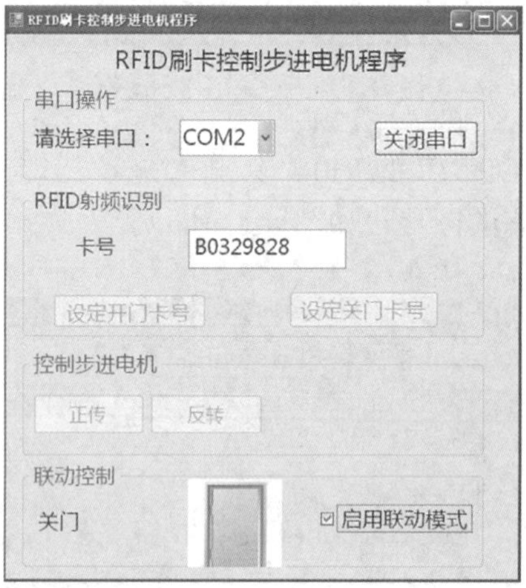

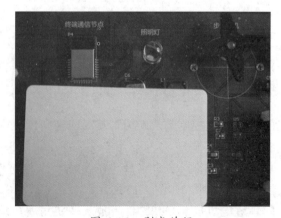

图 4-16　刷卡关门

任务 4.2　　RFID 刷卡步进电机控制程序开发

4.2.1　任务描述

通过运行上一个任务中的 RFID 刷卡步进电机控制程序，可以将手中的 RFID 卡放在读写器上进行刷卡控制步进电机正转或反转，并将状态信息显示在窗体界面中。本次任务由公司技术部负责人带领同学们通过编程实现 RFID 刷卡步进电机控制程序功能，让同学们在这次项目实践中能够掌握编程实现刷卡控制步进电机操作技术。

4.2.2　任务分析

1. RFID 刷卡步进电机控制程序功能结构

RFID 刷卡步进电机控制程序功能模块分成两个部分：一个是 RFID 射频识别模块，另一个是步进电机控制模块，如图 4-17 所示为软件功能模块设计结构图。

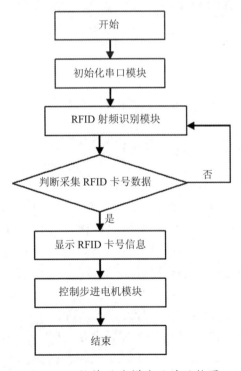

图 4-17　软件功能模块设计结构图

2. 步进电机控制模块的设计

步进电机控制模块用于控制步进电机的正转和反转操作。当使用 RFID 卡在 RFID 射频识别模块上进行刷卡时，如果刷卡成功，将在 Windows 程序界面中显示当前的卡号信息，其中一张 RFID 卡刷卡后可以实现步进电机正转，另一张 RFID 卡刷卡后可以实现步进电机反转，如图 4-18 所示为刷卡控制步进电机模块流程图。

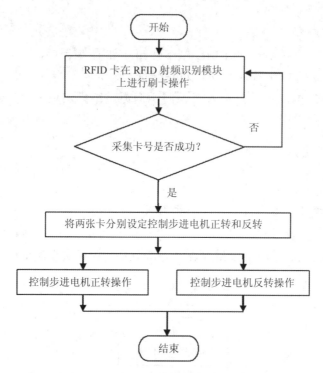

图 4-18　刷卡控制步进电机模块流程图

4.2.3　操作方法与步骤

1.　RFID 刷卡步进电机控制程序窗体界面的设计

（1）创建 RFID 刷卡步进电机控制程序工程项目。

1）打开 VS.NET 开发环境，在起始页的项目窗体界面中，单击菜单中"文件"下的"新建"按钮，选择"项目"选项，进入"新建项目"对话框，如图 4-19 所示。在左侧项目类型列表中选择 Windows 选项，在右侧的模板中选择"Windows 窗体应用程序"选项，在下方的"名称"输入栏中输入将要开发的应用程序名 RFIDStepControlApp，在"位置"栏中选择应用程序所保存的路径位置，最后单击"确定"按钮。

2）RFID 刷卡步进电机控制程序工程项目创建完成之后，会显示如图 4-20 所示的工程解决方案。

（2）窗体界面设计。

1）选中整个 Form 窗体，在属性栏的 Text 中输入"RFID 刷卡步进电机控制程序"的文本值，如图 4-21 所示。

2）在界面设计中添加两个 Label 控件、一个 GroupBox 控件、一个 ComboBox 控件和一个 Button 控件，完成程序标题的显示和界面串口参数的选择，如图 4-22 所示。

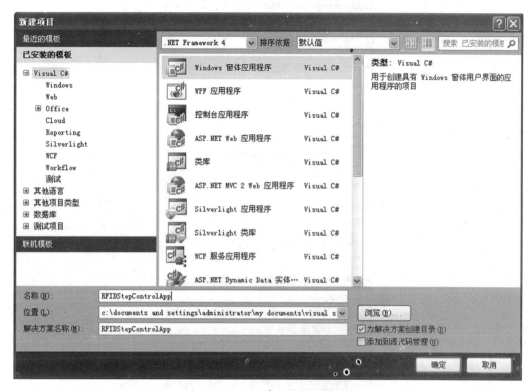

图 4-19 "新建项目"对话框

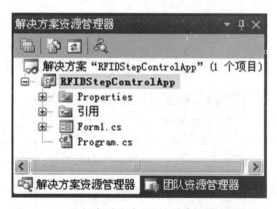

图 4-20 RFID 刷卡步进电机控制程序工程项目解决方案

3）在界面设计中添加一个 GroupBox 控件、一个 TextBox 控件和两个 Button 按钮控件，完成程序 RFID 卡号信息的实时显示，并添加设定控制步进电机卡号按钮，如图 4-23 所示。

4）在界面设计中添加一个 GroupBox 控件、两个 Button 按钮控件，完成程序手动控制步进电机界面设计，如图 4-24 所示。

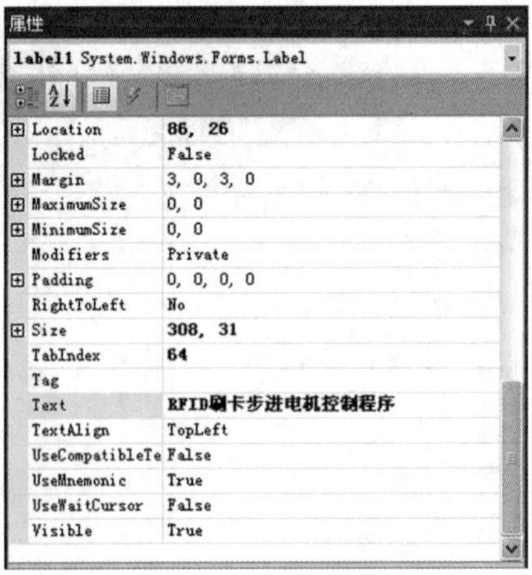

图 4-21　设置窗体名称文本信息

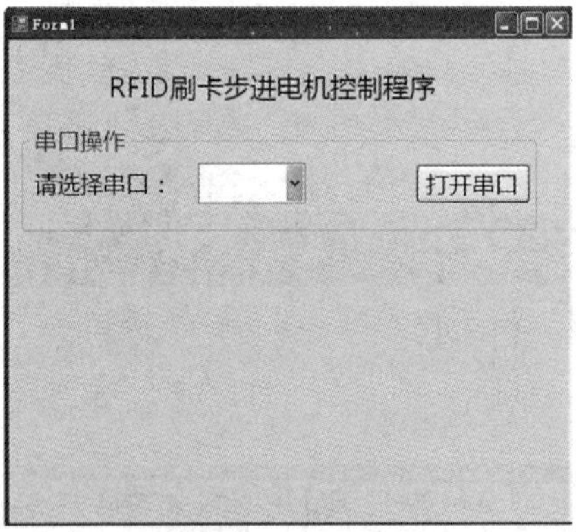

图 4-22　串口界面设计

图 4-23　RFID 射频识别界面设计

5）在界面设计中添加一个 GroupBox 控件、一个 CheckBox 复选框控件和一个 PictureBox 图片控件，完成程序 RFID 刷卡联动步进电机控制界面设计，如图 4-25 所示。

图 4-24　手动控制步进电机界面设计

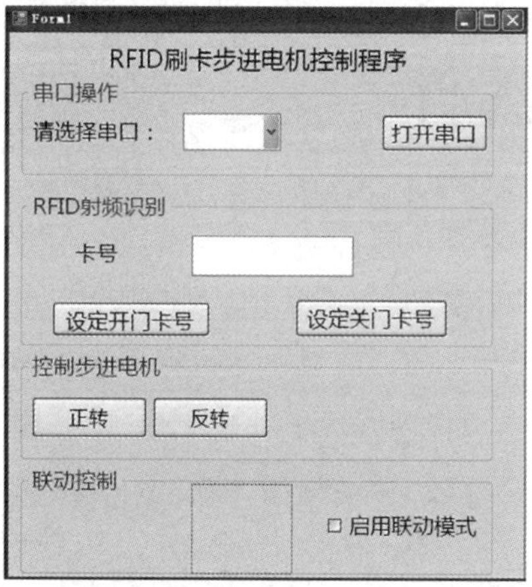

图 4-25　RFID 刷卡联动步进电机控制界面设计

6）从工具栏中选择一个定时器控制 timer 拖放到窗体界面中，设置相关属性和定时器事件，如图 4-26 所示。

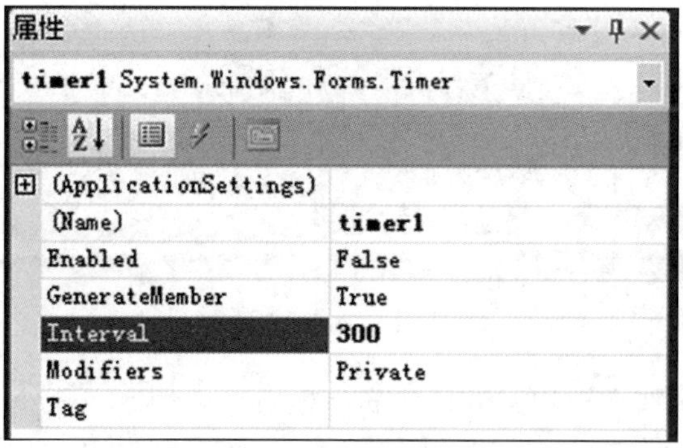

图 4-26　定时器属性设置

7）将图 4-25 中的主要控件进行规范命名及设置初始值，如表 4-1 所示。

表 4-1　程序中各项主要控件的说明

控件名称	命名	说明
ComboBox	comboPortName	设置串口名称，如 Com1、Com2、Com3
Button	buttonOpenCloseCom	打开或关闭串口按钮
TextBox	RFIDon	显示 RFID 卡号信息文本框
GroupBox	gboxCom	串口操作组控件
GroupBox	gbRFIDID	RFID 卡号操作组控件
Label	labeltitle	标题信息
Button	btnIDoff	设定步进电机正转控制
Button	btnIDon	设定步进电机反转控制
Button	btnStepon	手动控制步进电机正转
Button	btnStepoff	手动控制步进电机反转
TextBox	txtstatus	灯光状态
PictureBox	Picboxstatus	步进电机状态
CheckBox	cbkAutomode	选中复选按钮，启动联动控制
Timer	timer1	定时器控件

（3）添加图片资源。

1）右键单击项目，选择"添加"中的"新建项"选项，如图 4-27 所示。

图 4-27　添加新建项

2）选择"资源文件"选项，默认命名，单击"添加"按钮，如图 4-28 所示。

3）在 Resource1.resx 中，先选中图像项目，然后单击"添加资源"按钮，在下拉菜单中选择"添加现有文件"选项，如图 4-29 所示。

图 4-28　添加资源文件

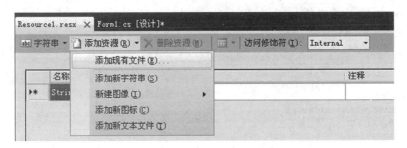

图 4-29　设置资源文件

4）打开"将现有文件添加到资源中"对话框，如图 4-30 所示，选择程序中开门和关门的图片，用来模拟步进电机的正转和反转。

图 4-30　添加图片

5）添加完成之后，在资源文件中显示所添加的图片，如图 4-31 所示。

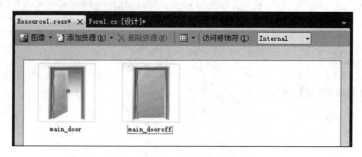

图 4-31　完成图片的添加

2. RFID 刷卡步进电机控制程序功能的代码实现

（1）Form1 窗体代码文件（Form1.cs）的结构。

```
using System;
using System.Collections.Generic;
using System.ComponentModel;
using System.Data;
using System.Drawing;
using System.Linq;
using System.Text;
using System.Windows.Forms;
using System.IO.Ports;

namespace RFIDStepControlApp
{
    public partial class Form1: Form
    {
        private SerialPort comm = new SerialPort();          // 新建一个串口变量
        private StringBuilder builder = new StringBuilder();  // 避免在事件处理方法中反复创
                                                              // 建，定义到外面

        string newstrdata = "";
        private bool IsAuto;
        private bool step_on;
        private string doorIDon, doorIDoff;
        public Form1()
        {
            InitializeComponent();
        }
        private void Form1_Load(object sender, EventArgs e)
        {
        }
        private void buttonOpenCloseCom_Click(object sender, EventArgs e)
        {
        }
        void comm_DataReceived(object sender, SerialDataReceivedEventArgs e)
        {
```

```
        }
        private void btnIDon_Click(object sender, EventArgs e)
        {
        }
        private void btnIDoff_Click(object sender, EventArgs e)
        {
        }
        private void btnStepon_Click(object sender, EventArgs e)
        {
        }
        private void btnStepoff_Click(object sender, EventArgs e)
        {
        }
        private void cbkAutomode_CheckedChanged(object sender, EventArgs e)
        {
        }
        private void timer1_Tick(object sender, EventArgs e)
        {
        }
    }
}
```

（2）方法说明。

1）Form1_Load 方法。当窗体加载时，一方面执行串口类的 GetPortNames 方法，使之获得当前 PC 端可用的串口，并显示在下拉列表框中；另一方面添加事件处理函数 comm.DataReceived，使得当串口缓冲区有数据时，执行 comm_DataReceived 方法读取串口数据并处理。代码的具体实现如下：

```
    private void Form1_Load(object sender, EventArgs e)
    {
        string[] ports = SerialPort.GetPortNames();
        Array.Sort(ports);
        comboPortName.Items.AddRange(ports);
        comboPortName.SelectedIndex = comboPortName.Items.Count > 0 ? 0 : -1;
        // 初始化 SerialPort 对象
        comm.DataReceived += comm_DataReceived;
        step_on = false;
        IsAuto = false;
        doorIDon = "";
        doorIDoff = "";
        btnIDoff.Enabled = false;
        btnIDon.Enabled = false;
        btnStepon.Enabled = false;
        btnStepoff.Enabled = false;
        cbkAutomode.Enabled = false;
    }
```

2）打开或关闭串口方法。单击"打开串口"按钮时，执行打开串口方法，通过主界面窗体上的下拉列表框选择可用的串口，如串口名称 Com1，设置波特率为 9600，打开串口；单击"关闭串口"按钮时，执行关闭串口方法。代码的具体实现如下：

```
private void buttonOpenCloseCom_Click(object sender, EventArgs e)
{
    // 根据当前的串口对象来判断操作
    if (comm.IsOpen)
    {
        comm.Close();
        RFIDon.Text = "";
        labeldoor.Text = "";
        btnIDoff.Enabled = false;
        btnIDon.Enabled = false;
        btnStepon.Enabled = false;
        btnStepoff.Enabled = false;
        cbkAutomode.Enabled = false;
        Picboxstatus.Image = null;
    }
    else
    {
        // 关闭时单击，设置好端口、波特率后打开
        comm.PortName = comboPortName.Text;
        comm.BaudRate = 9600;
        try
        {
            comm.Open();
        }
        catch (Exception ex)
        {
            // 捕获到异常信息，创建一个新的 comm 对象，之前的不能用了
            comm = new SerialPort();
            // 显示异常信息给客户
            MessageBox.Show(ex.Message);
        }
        btnIDoff.Enabled = true;
        btnIDon.Enabled = true;
        btnStepon.Enabled = true;
        btnStepoff.Enabled = true;
        cbkAutomode.Enabled = true;
    }
    // 设置按钮的状态
    buttonOpenCloseCom.Text = comm.IsOpen ? " 关闭串口 " : " 打开串口 ";
}
```

3）读取串口数据方法。当串口缓冲区有数据时，执行 comm_DataReceived 方法读取串口数据。从串口读出数据之后，首先判断字符串是否以"ID:"开始，如果成立，则取"ID:"字符串后面的 8 个字符，即为卡号信息。代码的具体实现如下：

```
void comm_DataReceived(object sender, SerialDataReceivedEventArgs e)
{
    this.BeginInvoke(new Action(() =>
    {
        string serialdata = comm.ReadExisting();
        newstrdata += serialdata;
```

```
            if (newstrdata.LastIndexOf("ID:") >= 0)
            {
                int tempindex = newstrdata.LastIndexOf("ID:");
                if (newstrdata.Substring(tempindex + 3).Length > 0)
                {
                    RFIDon.Text = newstrdata.Substring(tempindex + 3, 8);
                }
                newstrdata = "";
            }
        }
    ), null);
}
```

4）设定正转步进电机卡号控制方法。单击"设定开门卡号"按钮时，将当前 RFID 模块识别的 RFID 卡号信息作为正转步进电机的控制条件，代码的具体实现如下：

```
private void btnIDon_Click(object sender, EventArgs e)
{
    if (RFIDon.Text.Trim() != "")
    {
        doorIDon = RFIDon.Text.Trim();
        btnIDon.Enabled = false;
    }
}
```

5）设定反转步进电机卡号控制方法。单击"设定关门卡号"按钮时，将当前 RFID 模块识别的 RFID 卡号信息作为反转步进电机的控制条件，代码的具体实现如下：

```
private void btnIDoff_Click(object sender, EventArgs e)
{
    if (RFIDon.Text.Trim() != "")
    {
        doorIDoff = RFIDon.Text.Trim();
        btnIDoff.Enabled = false;
    }
}
```

6）步进电机正转方法。单击"正转"按钮时，执行步进电机正转。判断串口是否打开，如果串口打开，则向串口发送字符串"297"，成功之后步进电机的"正转"按钮不可用。代码的具体实现如下：

```
private void btnStepon_Click(object sender, EventArgs e)
{
    if (IsAuto == false && comm.IsOpen)
    {
        if (!step_on)
        {
            comm.Write("297");
            System.Threading.Thread.Sleep(200);
            this.labeldoor.Text = " 开门 ";
            btnStepon.Enabled = false;
            btnStepoff.Enabled = true;
            step_on = true;
```

```
        }
      }
   }
```

7）步进电机反转方法。单击"反转"按钮时，执行风扇关闭。判断串口是否打开，如果串口打开，则向串口发送字符串"2A7"，成功之后步进电机的"反转"按钮不可用。代码的具体实现如下：

```
private void btnStepoff_Click(object sender, EventArgs e)
  {
    if (IsAuto == false && comm.IsOpen)
    {
      if (step_on)
      {
        comm.Write("2A7");
        System.Threading.Thread.Sleep(200);
        this.labeldoor.Text = " 关门 ";
        btnStepoff.Enabled = false;
        btnStepon.Enabled = true;
        step_on = false;
      }
    }
  }
```

8）联动开启和关闭方法。当选择"启用联动模式"选项时，开启定时器 timer 执行联动操作，设置 IsAuto 值为 true；当取消选择"启用联动模式"选项时，关闭定时器 timer 执行联动停止操作，设置 IsAuto 值为 false。功能代码如下：

```
private void cbkAutomode_CheckedChanged(object sender, EventArgs e)
  {
    if (cbkAutomode.Checked)
    {
       IsAuto = true;
      btnStepon.Enabled = false;
      btnStepoff.Enabled = false;
      timer1.Enabled = true;
      RFIDon.Text = "";
      Picboxstatus.Image = null;
    }
    else
    {
      IsAuto = false;
      btnStepon.Enabled = true;
      btnStepoff.Enabled = true;
      timer1.Enabled = false;
      Picboxstatus.Image = null;
    }
  }
```

9）定时器操作方法。当定时器 timer 开启之后执行此方法，如果当前所识别的 RFID 卡号为之前所设定的步进电机正转的 RFID 卡号，则控制步进电机正转，界面上同时显示开门状态的图片；如果当前所识别的 RFID 卡号为之前所设定的步进电机反转的 RFID 卡号，则控制步进电机反转，界面上同时显示关门状态的图片。功能代码如下：

```csharp
private void timer1_Tick(object sender, EventArgs e)
{
    if (IsAuto == true && comm.IsOpen)
    {
        if (RFIDon.Text.Trim() == doorIDon)
        {
            if (!step_on)
            {
                comm.Write("297");
                step_on = true;
                this.labeldoor.Text = " 开门 ";
                this.Picboxstatus.Image = RFIDStepControlApp.Resource1.main_door;
            }
        }
        else
        {
            if (RFIDon.Text.Trim() == doorIDoff)
            {
                if (step_on)
                {
                    comm.Write("2A7");
                    System.Threading.Thread.Sleep(500);
                    this.labeldoor.Text = " 关门 ";
                    step_on = false;
                    this.Picboxstatus.Image = RFIDStepControlApp.Resource1.main_dooroff;
                }
            }
        }
    }
}
```

RFID 刷卡步进电机控制程序的运行界面如图 4-32 所示。

图 4-32 RFID 刷卡步进电机控制程序的运行界面

思考与练习

1. 填空题

（1）目前，RFID 产品的工作频率有 _____、_____ 和 _____ 等，不同频段的 RFID 产品会有不同的特性。

（2）工作在低频的感应器的工作频率为 _____ ～ _____ Hz，该频段的波长约为 _____。

（3）超高频系统主要是通过 _____ 方式来实现相互通信的，通过 _____ 来传输能量。

2. 简答题

（1）简述低频 RFID 的主要特性。

（2）简述高频 RFID 的主要特性。

（3）简述超高频 RFID 的主要特性。

3. 举例说明

（1）举出一些低频 RFID 在日常生活中的应用场景。

（2）举出一些高频 RFID 在日常生活中的应用场景。

（3）举出一些超高频 RFID 在日常生活中的应用场景。

项目 5
RFID 卡类型及卡号读取应用

💬▶【项目情境】

物联网专业的同学们在实习了两个月之后，对刷卡控制硬件部分有了一定的实践操作技能，开始参与 RFID 公交车计费系统各项功能的开发，其中包括读卡、写卡、充值和扣款等功能业务。本次项目主要涉及 RFID 卡的内部存储结构知识的讲解，以及通过刷卡获得卡的类型和卡号信息。

🏫▶【学习目标】

1. 知识目标

- 掌握 Mifare 卡的组成。
- 理解 Mifare 卡的特性。
- 理解 Mifare 卡的存储结构。
- 掌握 Mifare 卡类型及卡号操作命令。

2. 技能目标

- 能正确使用设备通过串口通信刷卡采集卡号及类型。
- 能正确掌握 RFID 卡类型及卡号采集程序的设计。
- 能正确掌握 RFID 卡类型及卡号采集程序的功能实现。
- 能正确运行 RFID 卡类型及卡号采集程序。

任务 5.1 认识 RFID 卡类型及存储结构

5.1.1 任务描述

公司技术部负责人给参与此次项目开发的同学们介绍了当前主流的 Mifare 卡（简称 M1 卡）的类型及存储结构的相关知识，并带领同学们通过简单的动手实践操作亲身感受一下 RFID 射频识别技术应用，同学们在这次项目实践中能够理解和掌握通过刷卡获取 RFID 卡号和卡类型信息。

5.1.2 任务分析

1. M1 卡的组成

一套完整的 RFID 系统是由读卡器（读写器／读写芯片）和电子标签（TAG）及嵌入式应用软件系统三个部分所组成，如图 5-1 所示为基于 Mifare 的简便和低成本的 RFID 系统组成。

Mifare 是属于 Philips Electronics 所拥有的 13.56MHz 非接触辨识技术，它是支持 ISO/IEC 14443A 协议的高频 RFID 无源 IC 卡，其天线线圈和芯片嵌入到塑料卡中被广泛应用于交通一卡通、电子门票等。这里以 S50 卡为研究对象，将详细介绍 M1 卡的特性结构和工作原理。

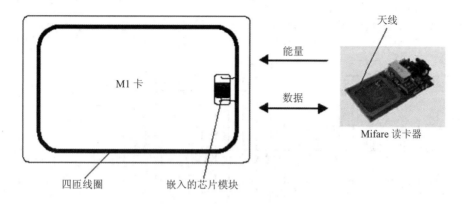

图 5-1 基于 Mifare 的 RFID 系统组成图

2. M1 卡的特性

M1 卡属于非接触型智能 IC 卡，IC 卡即集成电路卡，它是将一个专用的集成电路嵌入到塑料基片中封装成卡的形式，如图 5-2 所示为 M1 卡的内部结构。非接触型智能 IC 卡分为两大类：存储器型和微处理型。存储器型是单一的非接触存储器型，如 MIFAREI（Philips）、STM 系列（STMicroelectronics）；微处理型是双界面处理器型，如 MIFARE PRO（Philips）、Mifare Desfire（Philips）、Moorola、STM 系列（STMicroelectronics）、SLE66CLxxS（Siemens）等，微处理型的安全性较高一些。M1 卡执行 ISO 14443A 协议，本节主要介绍微处理型 M1 卡，它完全支持一卡多用，可靠、灵活、安全、方便。

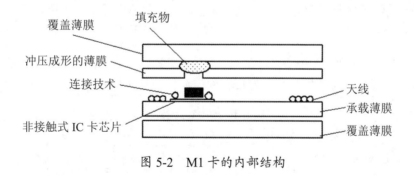

图 5-2 M1 卡的内部结构

3. M1 卡的存储结构

通常 RFID 读写器读的 RFID 卡有 Mifare S50 或 Mifare S70，其中 Mifare S50 的存储容量为 1024×8 位字节长，即 1024 字节，采用 EEPROM 作为存储介质，整个结构划分为 16 个扇区，编号为扇区 0～15，每个扇区有 4 个块（Block），分别为块 0、块 1、块 2 和块 3，每个块有 16 个字节，一个扇区共有 16Byte×4=64Byte，每个扇区的块 3（即第四块）包含了该扇区的 KEY A（6 个字节）、控制位（4 个字节）、KEY B（6 个字节），是一个特殊的块，其余三个块是一般的数据块。对卡的数据块进行读写等操作时，需要先验证 KEY A 或 KEY B 才能完成，存储结构如图 5-3 所示。

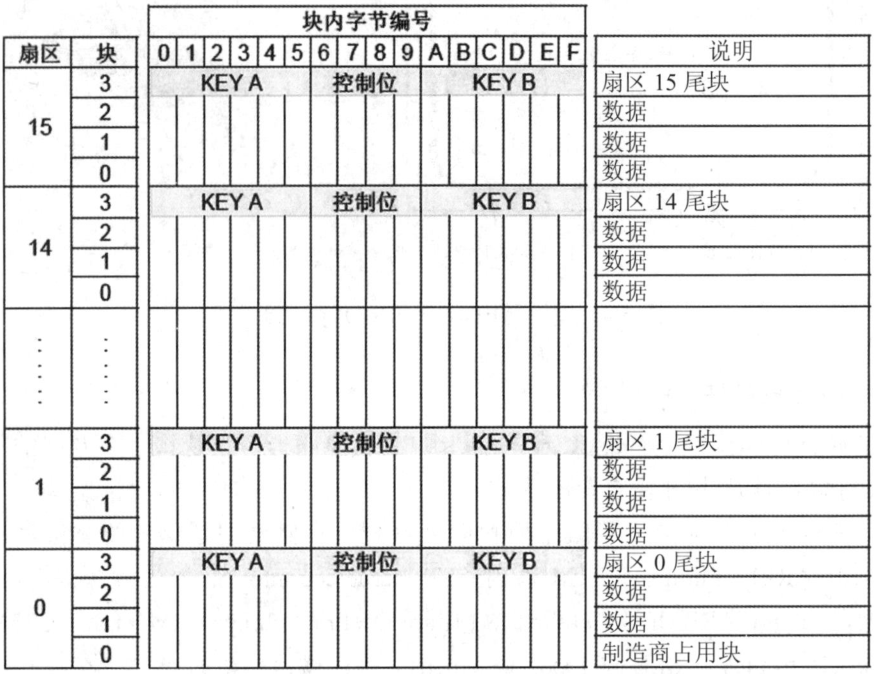

图 5-3　M1 卡的存储结构

对于扇区 0 的块 0 是厂商代码块，它保存着只读的卡信息及厂商信息，如 AF A7 3E 00 36 08 04 00 99 44 30 43 31 34 36 16，前面四个字节 AF A7 3E 00 36 是卡的序列号，08 是卡容量，04 00 是卡类型，后面是厂商自定义的一些信息。

4. M1 卡类型及卡号操作命令

（1）PC 端通过串口通信与读写器进行数据通信，发送如表 5-1 所示的命令。

表 5-1　读卡号命令

0	1	2	3	4	5	6	7
命令类型	包长度	命令	地址	保留	状态提示	保留	校验和
0x01	0x08	0xA1	0x20	0x00	0x00：关 0x01：开	0x00	X

例如：读卡号，LED 和蜂鸣器状态提示开启（读卡号无需验证密钥），PC 端发送十六进制命令 01 08 A1 20 00 01 00 76。

（2）读写器收到 PC 端传送的读卡命令后进行读卡，并返回相应的十六进制数据，数据格式如表 5-2 所示。

表 5-2　读卡的返回数据格式

0	1	2	3	4	5 ~ 10	11
包类型	包长度	返回命令	地址	状态	2 字节卡类型 +4 字节卡号	校验和
0x01	0x0C	0xA1	0x20	0x00: 成功	XX XXXX	X
0	1	2	3	4	5 ~ 10	11
包类型	包长度	返回命令	地址	状态	保留	校验和
0x01	0x08	0xA1	0x20	0x01: 失败	0x00 0x00	0x76

如果读卡成功，读写器返回十六进制数据 01 0C A1 20 00 04 00 0A DC EF F9 B7，其中 04 00 为卡类型，0A DC EF F9 为卡号；如果读卡失败，读写器返回十六进制数据 01 08 A1 20 01 00 00 76。

5.1.3　操作方法与步骤

1. RFID 设备参数的配置

（1）将 USB 串口线缆一端接入 RFID 教学实验实训平台的 RFID_PC 端通信接口，另一端接入 PC 机的 USB 接口，如图 5-4 所示。

图 5-4　USB 线缆接线设置

（2）当之前的 USB 串口驱动安装完成之后，在 PC 端中用鼠标右键单击"我的电脑"图标，弹出下拉菜单，选择"设备管理器"选项，如图 5-5 所示。

（3）打开"设备管理器"窗口，找到"端口（COM 和 LPT）"选项，展开选项之后出现如图 5-6 所示的设备串口，这里为 USB-SERIAL CH340（COM2），串口名称为COM2。

2. PC 端与 RFID 读写器模块串口通信

（1）如图 5-7 所示，RFID 读写器模块直接通过串口与 PC 端进行通信，这里可以将一张 RFID 卡放在 RFID 读写模块上，以便 RFID 模块可以采集和读写 RFID 卡。

图 5-5　PC 端的"设备管理器"选项

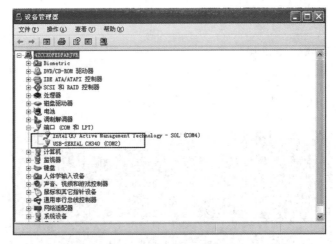

图 5-6　获取设备的串口名称

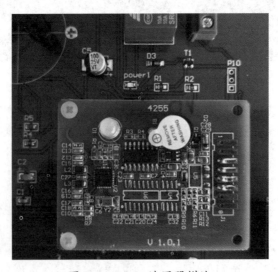

图 5-7　RFID 读写器模块

（2）打开串口调试助手软件，RFID读写器默认波特率为9600，无校验，8位数据位，1位停止位，选择十六进制发送和十六进制显示，在发送区中输入01 08 A1 20 00 01 00 76，单击"手动发送"按钮，通过串口发送命令进行读卡，如图5-8所示。

图5-8　串口发送读卡命令

（3）当PC端以十六进制数据格式通过串口向读卡器发送01 08 A1 20 00 01 00 76命令之后，读卡器读取RFID卡获取数据信息，并向串口返回类型及卡号数据，如图5-9所示，其中04 00代表卡类型，一般S50的类型为04 00，卡的序列号为01 F9 9C 2E。

图5-9　读卡器返回数据

任务 5.2　　RFID 卡类型及卡号读取程序开发

5.2.1　任务描述

通过运行上一个任务中的串口调试助手软件，打开串口通信，发送命令获取卡类型及卡号信息，可以将手中的 RFID 卡放在读写器上进行刷卡采集卡号及类型信息并显示出来。本次任务由公司技术部负责人带领同学们通过编程实现 RFID 卡类型及卡号读取程序功能，让同学们在这次项目实践中能够掌握 RFID 卡类型及卡号读取程序开发技术。

5.2.2　任务分析

RFID 卡类型及卡号读取程序功能就是通过串口通信采集 RFID 卡的类型和卡号，如图 5-10 所示为程序功能模块设计结构图。

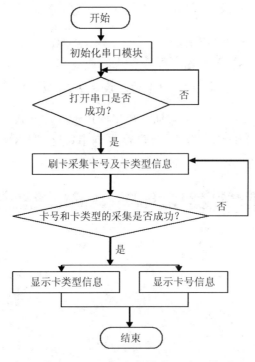

图 5-10　程序功能模块设计结构图

5.2.3　操作方法与步骤

1. RFID 卡类型及卡号读取程序窗体界面的设计

（1）创建 RFID 卡类型及卡号读取程序工程项目。

1）打开 VS.NET 开发环境，在起始页的项目窗体界面中，单击菜单中"文件"下的"新建"按钮，选择"项目"选项，进入"新建项目"对话框，如图5-11所示。在左侧项目类型列表中选择Windows选项，在右侧的模板中选择"Windows窗体应用程序"选项，在下方的"名称"输入栏中输入将要开发的应用程序名RFIDReadIDApp，在"位置"栏中选择应用程序所保存的路径位置，最后单击"确定"按钮。

图5-11 "新建项目"对话框

2）RFID卡类型及卡号读取程序工程项目创建完成之后，会显示如图5-12所示的工程解决方案。

图5-12 RFID卡号识别程序工程项目解决方案

3）将RFID读写模块的DLL动态链接库HFrfid.dll拷贝进RFIDReadIDApp工程项目的bin/Debug目录中，如图5-13所示。

图5-13 拷贝HFrfid.dll动态链接库

4）右键单击"引用"，选择"添加引用"选项，如图5-14所示。

5）在"添加引用"对话框中，选择"浏览"面板，然后在工程的Debug目录下找到并选中 HFrfid.dll 动态链接库，单击"确定"按钮，如图 5-15 所示。

图 5-14　添加引用

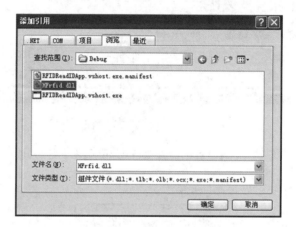

图 5-15　选中 HFrfid.dll 动态链接库

6）当工程项目中完成添加 HFrfid.dll 动态链接库之后，就可以调用相应的方法实现对 RFID 卡的读取和写入等操作，如图 5-16 所示。

图 5-16　完成添加 HFrfid.dll 动态链接库

（2）窗体界面设计。

1）选中整个 Form 窗体，在属性栏的 Text 中输入"RFID 卡类型及卡号读取程序"的文本值，如图 5-17 所示。

图 5-17 设置窗体名称文本信息

2）在界面设计中添加一个 Label 控件显示程序标题信息"RFID 卡类型及卡号读取程序"，一个 ComboBox 控件用于选中串口名称，两个 Button 控件分别实现端口检测和打开串口，一个 Label 控件显示 RFID 模块的设备号信息，以及一个 TextBox 控件设置 RFID 读写模块地址为 20，如图 5-18 所示。

图 5-18 串口界面设计

3）在界面设计中添加两个 Label 控件、三个 TextBox 控件和一个 Button 控件，完成程序界面 RFID 卡类型及卡号信息的实时显示和状态信息显示，如图 5-19 所示。

图 5-19 RFID 卡类型和卡号采集界面设计

4）将图 5-19 中的主要控件进行规范命名及设置初始值，如表 5-3 所示。

表 5-3　程序中各项主要控件的说明

控件名称	命名	说明
ComboBox	cbPort	设置串口名称，如 Com1、Com2、Com3
Button	btntestport	检测当前可用的串口
Button	btnPort	打开或关闭串口按钮
Button	btnRFIDID	读写 RFID 的卡类型和卡号信息
TextBox	txtDeviceAddress	设置 RFID 模块设备地址
TextBox	txtRfidtype	显示 RFID 卡类型
TextBox	txtRFIDID	显示 RFID 卡号信息
TextBox	txtstatus	显示 RFID 读取之后的状态

2. RFID 卡类型及卡号读取程序功能的代码实现

（1）Form1 窗体代码文件（Form1.cs）的结构。

```csharp
using System;
using System.Collections.Generic;
using System.ComponentModel;
using System.Data;
using System.Drawing;
using System.Linq;
using System.Text;
using System.Windows.Forms;
using System.IO.Ports;            // 添加的串口类
using HFrfid;                     // 添加 RFID 模块读取类

namespace RFIDReadIDApp
{
    public partial class Form1: Form
    {
        public Form1()
        {
            InitializeComponent();
        }
        private void Form1_Load(object sender, EventArgs e)
        {
        }
        private void btnPort_Click(object sender, EventArgs e)
        {
        }
        private void btntestport_Click(object sender, EventArgs e)
        {
        }
        private void btnRfidID_Click(object sender, EventArgs e)
        {
```

```
        }
    public void SearchPort()                        // 搜索串口
    {
    }
    public string byteToHexStr(byte[] bytes, int len)   // 数组转十六进制字符
    {
    }
    }
}
```

（2）方法说明。

1）Form1_Load 方法。当窗体加载时，先将下拉列表框中的串口名称清空，然后调用 SearchPort 方法检测当前可用的串口名称。代码的具体实现如下：

```
private void Form1_Load(object sender, EventArgs e)
{
    cbPort.Items.Clear();
    cbPort.Text = null;
    SearchPort();
}
```

2）端口检测 btntestport_Click 方法。当单击"端口检测"按钮时，可以调用 SearchPort 方法检测当前可用的串口名称，同时关闭当前正在使用的串口，此时前面的按钮显示为"打开串口"。代码的具体实现如下：

```
private void btntestport_Click(object sender, EventArgs e)
{
    cbPort.Items.Clear();
    cbPort.Text = null;
    SearchPort();
    PcdOption.CloseSerialPort();
    btnPort.Text = " 打开串口 ";
}
```

3）打开或关闭串口方法。单击"打开串口"按钮时，执行打开串口方法，通过主界面窗体上的下拉列表框选择可用的串口，如串口名称 Com1，然后调用 HFrfid 动态链接库中的 PcdOption 类静态方法 OpenSerialPort，实现串口打开；单击"关闭串口"按钮时，调用 HFrfid 动态链接库中的 PcdOption 类静态方法 CloseSerialPort，实现串口关闭。代码的具体实现如下：

```
private void btnPort_Click(object sender, EventArgs e)
{
    try
    {
        if (btnPort.Text == " 打开串口 ")
        {
            bool flg = PcdOption.OpenSerialPort(cbPort.Text);
            if (flg == true)
            {
                btnPort.Text = " 关闭串口 ";
```

```
        }
        else
        {
            MessageBox.Show(" 串口无法打开 ");
        }
    }
    else
    {
        PcdOption.CloseSerialPort();
        btnPort.Text = " 打开串口 ";
    }
}
catch
{
    txtstatus.Text = " 串口被占用 ";
}
}
```

4）读取 RFID 卡信息方法。当串口打开成功之后，首先调用实例化一个 HFrfid 动态链接库中 PcdOption 类中的 PcdParams 结构体，然后给 PcdParams 结构体对象的属性进行赋值，这里分别赋值读卡号命令 Cmd_M1_ReadId，读写器地址为 20，读写成功后蜂鸣器发出声音 PcdOption.DevBeep.BeepOn 属性值，最后调用 PcdOption 类的 M1_Operation 方法，并将 PcdParams 结构体对象作为参数，执行读卡操作，如果读卡成功，将显示卡的类型及卡的 ID 号。代码的具体实现如下：

```
private void btnRfidID_Click(object sender, EventArgs e)
{
    int status;
    byte[] type = new byte[2];
    byte[] id = new byte[4];
    txtstatus.Clear();
    this.txtRFIDID.Clear();
    this.txtRfidtype.Clear();
    PcdOption.PcdParams NewParams = new PcdOption.PcdParams();       // 声明一个结构体
    NewParams.M1Cmd = PcdOption.M1Cmd.Cmd_M1_ReadId;                 // 读卡号命令
    NewParams.RxBuffer = new byte[6];              // 读到的卡类型及卡号信息会保存在这里面
    NewParams.DevAddr = Convert.ToByte(txtDeviceAddress.Text, 16);   // 读写器地址
    NewParams.DevBeep = PcdOption.DevBeep.BeepOn;
    status = PcdOption.M1_Operation(NewParams);
    if (status == 0)                  // 读卡成功
    {
        for (int i = 0; i < 2; i++)         // 获取 2 字节的卡类型
        {
            type[i] = NewParams.RxBuffer[i];
        }
        for (int i = 0; i < 4; i++)         // 获取 4 字节的卡号
        {
            id[i] = NewParams.RxBuffer[i + 2];
```

```
        }
        string ss = byteToHexStr(type, 2);
        txtRfidtype.Text = ss;
        ss = byteToHexStr(id, 4);
        txtRFIDID.Text = ss;
        txtstatus.Text = " 读取卡号成功 ";
    }
    else
    {
        txtstatus.Text = " 错误码：" + status.ToString();
    }
}
```

5）搜索串口方法。首先执行串口类的 GetPortNames 方法，然后循环获得当前 PC 端可用的串口，并显示在下拉列表框中。代码的具体实现如下：

```
public void SearchPort()    // 搜索串口
{
    string[] ports = SerialPort.GetPortNames();
    foreach (string port in ports)
    {
        cbPort.Items.Add(port);
    }
    if (ports.Length > 0)
    {
        cbPort.Text = ports[0];
    }
    else
    {
        MessageBox.Show(" 没有发现可用端口 ");
    }
}
```

6）数组转十六进制字符方法。主要将参数中的字节数据转换为字符串形式在界面控件中显示。代码的具体实现如下：

```
public string byteToHexStr(byte[] bytes, int len)        // 数组转十六进制字符
{
    string returnStr = "";
    if (bytes != null)
    {
        for (int i = 0; i < len; i++)
        {
            returnStr += bytes[i].ToString("X2");
        }
    }
    return returnStr;
}
```

RFID 卡类型及卡号读取程序的运行界面如图 5-20 所示。

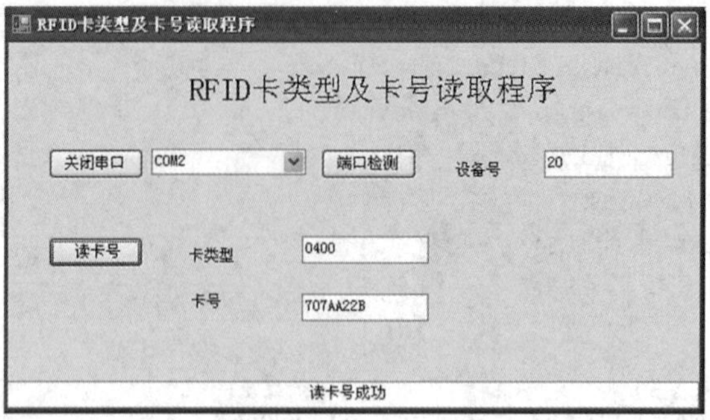

图 5-20 RFID 卡类型及卡号读取程序的运行界面

思考与练习

1. 填空题

（1）一套完整的 RFID 系统是由 _____ 和 _____ 及嵌入式 _____ 系统三个部分所组成。

（2）Mifare 是属于 Philips Electronics 所拥有的 _____Hz 非接触辨识技术，它是支持 ISO/IEC 14443A 协议的 _____RFID 无源 IC 卡，Mifare 卡属于 _____ 型智能 IC 卡。

（3）非接触型智能 IC 卡分为两大类：_____ 和 _____。

（4）Mifare S50 卡的存储容量为 _____ 位字节长，采用 _____ 作为存储介质，整个结构划分为 _____ 个扇区。

2. 简答题

（1）简述 M1 卡的特性。

（2）简述 M1 卡的存储结构。

3. 举例说明

举出一些 M1 卡在日常生活中的应用场景。

项目 6
RFID 读卡及写卡应用

【项目情境】

随着城市区域的不断扩大，人们在出行过程中越来越频繁地乘坐公共汽车、地铁等公共交通工具，以上海地铁为例，每天的客流量都在几百万人次，如此大的客流量若采用传统的人工售票方式将无法承受。通过非接触性射频卡进行公共交通售票和收费，可以实现自动、安全、高效率的射频卡自动收费目标。

【学习目标】

1. 知识目标

● 熟悉 Mifare 卡的功能组成。

● 掌握 Mifare 卡与阅读器的通信机制。

● 掌握 RFID 高频应用。

● 掌握 Mifare 卡的读卡操作命令。

● 掌握 Mifare 卡的写卡操作命令。

2. 技能目标

● 能正确使用设备通过串口通信读取和写入卡中指定块数据。

● 能正确掌握 RFID 读卡及写卡程序的设计。

● 能正确掌握 RFID 读卡及写卡程序的功能实现。

● 能正确运行 RFID 读卡及写卡程序。

任务 6.1　认识 RFID 卡功能及与阅读器的通信

6.1.1　任务描述

公司技术部负责人给参与此次项目开发的同学们介绍了当前主流的 M1 卡的功能组成和 M1 卡与阅读器的通信原理的相关知识，并带领同学们通过简单的动手实践操作，对 M1 卡相关扇区的指定块进行读取和写入。同学们在这次项目实践中能够理解和掌握 RFID 卡的读取和写入机制。

6.1.2　任务分析

1. M1 卡的功能组成

M1 卡的结构分为天线、RF 接口模块、数字控制单元、EEPROM 存储器，如图 6-1 所示。

（1）RF 接口：包含了调制解调器、检波器、时钟发生器、上电复位、稳压器。它可以发送、接收和调制解调射频信号波，还可以对卡充电复位。

（2）防冲突：读写范围内的几张卡可以逐一选定和操作，智能的防冲突功能可以同时操作读写范围内的多张卡。利用防冲突算法可以逐一选定每张卡，保证与选定的卡执行交易，不会导致与读写范围内其他卡的数据发生冲突。

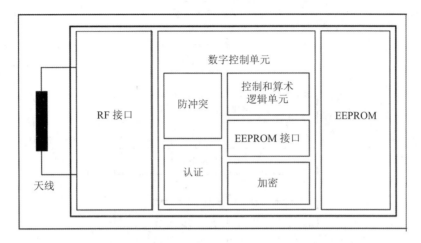

图 6-1　M1 卡内部结构图

（3）认证：在所有存储器操作之前进行认证过程，以保证必须通过各块指定密钥才能访问该块。安全认证的重点是防欺诈，相互随机数和应答认证、数据加密和报文鉴别检查和，防止各种破解和篡改，使其更适于票务应用。通过不可更改的序列号，保证了每张卡的唯一性。

（4）控制和算术逻辑单元：数值以特定的冗余格式存储，特定命令有读数据块（read）、写数据块（write）、增数据值（increment）、减数据值（decrement）、恢复（restore）、转存（transfer）。

（5）EEPROM 接口：EEPROM 的接口电路。

（6）加密单元：域验证的 CRYPTO1 数据流加密，保证数据交换的安全。

（7）EEPROM：1Kbyte，分 16 区，每区 4 块，每一块有 16 字节。

2. M1 卡与阅读器的通信

阅读器与 M1 卡通信的数据传输速率为 13.56MHz/128=106kb/s，从阅读器到卡的信号采用 100% ASK 调制方式和 Miller 编码方式，从卡到阅读器的信号采用副载波调制方式和 Manchester-ASK 编码方式，M1 卡与阅读器通信流程如图 6-2 所示。

（1）阅读器发出寻卡信号。MCU 通过阅读器芯片内寄存器的读或写来控制阅读器芯片，阅读器芯片收到微控制器 MCU 发来的命令后，按照非接触式射频卡协议格式，通过天线及其匹配电路向附近发出一组固定频率的调制信号（13.56MHz）进行寻卡。

（2）M1 卡获取工作能量。如果在阅读器范围内有 M1 卡存在，卡片内的 LC 谐振电路在电磁波的激励下产生共振，在卡片内部电压的作用下不断为其另一端电容充电，获得能量，当电容电压达到 2V 时，即可作为电源为卡片的其他电路提供电压。

（3）单张 M1 卡识别时回复卡片的数据信息。当只有一张 M1 卡处于阅读器的有效工作范围内时，MCU 向卡片发出寻卡命令，卡片将回复卡片类型及 ID 信息，建立卡片与阅读器的第一步联系。

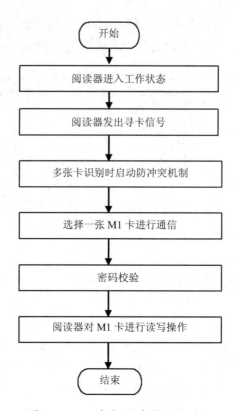

图 6-2　M1 卡与阅读器通信流程

（4）多张 M1 卡识别时阅读器启动防冲突机制。如果同时存在多张卡片在阅读器天线的工作范围内，读卡器启动防冲突机制，根据卡片序列号选定一张卡片。

（5）密码双向校验。被选中的卡片再与阅读器进行密码校验，确保卡片的合法性及阅读器对卡片有操作权限，而未被选中的卡片则仍处在闲置状态，等待下一次寻卡命令。

（6）阅读器读写操作。阅读器与 M1 卡之间通过双向密码验证之后，阅读器就可以根据应用需要对卡片进行读写等应用操作。

3．M1 卡读卡操作命令

（1）PC 端通过串口通信与读写器进行数据通信，发送如表 6-1 所示的命令。

表 6-1　读卡块数据命令

0	1	2	3	4	5	6	7
命令类型	包长度	命令	地址	块号	状态提示	保留	校验和
0x01	0x08	0xA3 0x5C	0x20	X	0x00：关 0x01：开	0x00	X

（2）读写器收到 PC 端传送的读卡数据命令之后，验证密钥 A 或密钥 B，然后进行读卡块数据，并返回相应的十六进制数据，数据格式如表 6-2 所示。

表 6-2　读卡块数据返回的数据格式

0	1	2	3	4	5 ~ 10	11
包类型	包长度	返回命令	地址	状态	块数据	校验和
0x01	0x16	0xA3 0x5C	0x20	0x00：成功	XXXXXXXXXXXXXXX	X

0	1	2	3	4	5 ~ 10	11
包类型	包长度	返回命令	地址	状态	保留	校验和
0x01	0x08	0xA1 0x5C	0x20	0x01：失败	0x00 0x00	X

例如，块 2 中的数据为 78 56 34 12 87 A9 CB ED 78 56 34 12 02 FD 02 FD。

例 1：验证卡的 KEY A，读取数据块 2 的数据，LED 和蜂鸣器不提示，PC 端向读写器模块发送十六进制命令 01 08 A3 20 02 00 00 77。

如果读卡成功，读写器返回十六进制数据 01 16 A3 20 00 78 56 34 12 87 A9 CB ED 78 56 34 12 02 FD 02 FD 63；如果读卡失败，读写器返回十六进制数据 01 08 A3 20 01 00 00 74。

例 2：验证卡的 KEY B，读取数据块 2 的数据，LED 和蜂鸣器不提示，上位机发送十六进制命令 01 08 5C 20 02 00 00 88。

如果读卡成功，读写器返回十六进制数据 01 16 5C 20 00 78 56 34 12 87 A9 CB ED 78 56 34 12 02 FD 02 FD 9C；如果读卡失败，读写器返回十六进制数据 01 08 5C 20 01 00 00 8B。

4．M1 卡写卡操作命令

（1）PC 端通过串口通信与读写器进行数据通信，发送如表 6-3 所示的命令。

表 6-3　写卡块数据命令

0	1	2	3	4	5	6	7
命令类型	包长度	命令	地址	块号	状态提示	写入块数据	校验和
0x01	0x17	0xA4 0x5B	0x20	X	0x00：关 0x01：开	16 字节数据	X

（2）读写器收到 PC 端传送的写卡数据命令之后，验证密钥 A 或密钥 B，然后进行写卡块数据，并返回相应的十六进制数据，数据格式如表 6-4 所示。

表 6-4　写卡块数据返回的数据格式

0	1	2	3	4	5 ~ 6	7
包类型	包长度	返回命令	地址	状态	保留	校验和
0x01	0x08	0xA4 0x5B	0x20	0x00：成功 0x01：失败	0x00 0x00	X

例如，将 16 字节的数据 00 11 22 33 44 55 66 77 88 99 ΛΛ BB CC DD EE FF 写到卡块 2 中。

例 1：验证卡的 KEY A，写入数据块 2 的数据，LED 和蜂鸣器的状态提示开启，PC 端通过串口向读写器模块发送十六进制命令 01 17 A4 20 02 01 00 11 22 33 44 55 66 77 88 99 AA BB CC DD EE FF 6E。

如果写卡成功，读写器返回十六进制数据 01 08 A4 20 00 00 00 72；如果写卡失败，读写器返回十六进制数据 01 08 A4 20 01 00 00 73。

例 2：验证卡的 KEY B，写入数据块 2 的数据，LED 和蜂鸣器的状态提示开启，PC 端通过串口向读写器模块发送十六进制命令 01 17 5B 20 02 01 00 11 22 33 44 55 66 77 88 99 AA BB CC DD EE FF 91。

如果写卡成功，读写器返回十六进制数据 01 08 5B 20 00 00 00 8D；如果写卡失败，读写器返回十六进制数据 01 08 5B 20 01 00 00 8C。

6.1.3　操作方法与步骤

1.　串口通信读取 RFID 卡块数据

首先 PC 端通过串口通信的方式连接 RFID 读写器模块，然后可以在 PC 端以串口方式访问 RFID 读写模块，实现卡块的数据读取操作。

（1）PC 端与 RFID 读写器模块串口通信。

1）将 USB 串口线缆一端接入 RFID 教学实验实训平台的 RFID_PC 端通信接口，另一端接入 PC 机的 USB 接口，如图 6-3 所示。

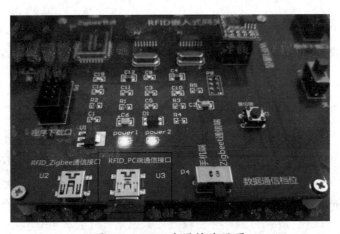

图 6-3　USB 线缆接线设置

2）当之前的 USB 串口驱动安装完成之后，在 PC 端中用鼠标右键单击"我的电脑"图标，弹出下拉菜单，选择"设备管理器"选项，如图 6-4 所示。

3）打开"设备管理器"窗口，找到"端口（COM 和 LPT）"选项，展开选项之后出现如图 6-5 所示的设备串口，这里为 USB-SERIAL CH340（COM2），串口名称为 COM2。

图 6-4 PC 端的"设备管理器"选项

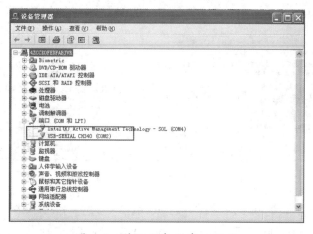

图 6-5 获取设备的串口名称

4）如图 6-6 所示，RFID 读写器模块直接通过串口与 PC 端进行通信。这里可以将一张 RFID 卡放在 RFID 读写模块上，以便 RFID 模块可以采集和读写 RFID 卡。

图 6-6 RFID 读写器模块

（2）通过串口发送命令读卡块数据。打开串口调试助手软件，RFID 读写器的默认波特率为 9600，无校验，8 位数据位，1 位停止位，选择十六进制发送和十六进制显示，在发送区中输入 01 08 A3 20 02 00 00 77，单击"手动发送"按钮，如图 6-7 所示。

图 6-7　串口发送读卡块数据命令

（3）读卡器向串口返回卡块数据。当 PC 端以十六进制的数据格式通过串口向读卡器发送 01 08 A3 20 02 00 00 77 命令之后，读卡器读取 RFID 卡中数据块 2 的数据信息 01 16 A3 20 00 00 00 00 00 00 00 00 00 00 00 00 00 00 00 00 6B，如图 6-8 所示。

图 6-8　读卡器返回卡块数据

2. 串口通信写入 RFID 卡块数据

首先 PC 端通过串口通信方式连接 RFID 读写器模块，然后在 PC 端以串口的方式访问 RFID 读写模块，实现卡块的数据写入操作。

（1）PC 端与 RFID 读写器模块串口通信。

1）将 USB 串口线缆一端接入 RFID 教学实验实训平台的 RFID_PC 端通信接口，另一端接入 PC 机的 USB 接口，如图 6-9 所示。

图 6-9　USB 线缆接线设置

2）当之前的 USB 串口驱动安装完成之后，在 PC 端中用鼠标右键单击"我的电脑"图标，弹出下拉菜单，选择"设备管理器"选项，如图 6-10 所示。

图 6-10　PC 端的"设备管理器"选项

3）打开"设备管理器"窗口，找到"端口（COM 和 LPT）"选项，展开选项之后出现如图 6-11 所示的设备串口，这里为 USB-SERIAL CH340（COM2），串口名称为COM2。

4）如图 6-12 所示，RFID 读写器模块直接通过串口与 PC 端进行通信。这里可以将一张 RFID 卡放在 RFID 读写模块上，以便 RFID 模块可以采集和读写 RFID 卡。

图 6-11　获取设备的串口名称

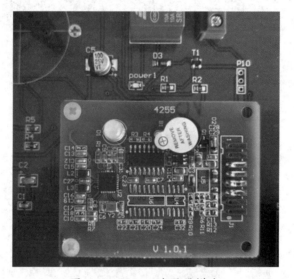

图 6-12　RFID 读写器模块

（2）通过串口发送命令读卡块数据。打开串口调试助手软件，RFID 读写器的默认波特率为 9600，无校验，8 位数据位，1 位停止位，选择十六进制发送和十六进制显示，在发送区中输入 01 17 A4 20 02 01 00 11 22 33 44 55 66 77 88 99 AA BB CC DD EE FF 6E，单击"手动发送"按钮，如图 6-13 所示。

（3）读卡器向串口返回写卡块成功数据。当 PC 端以十六进制的数据格式通过串口向读卡器发送 01 17 A4 20 02 01 00 11 22 33 44 55 66 77 88 99 AA BB CC DD EE FF 6E 命令之后，读卡器将 16 字节数据写入到 RFID 卡的数据块 2 中，如图 6-14 所示。

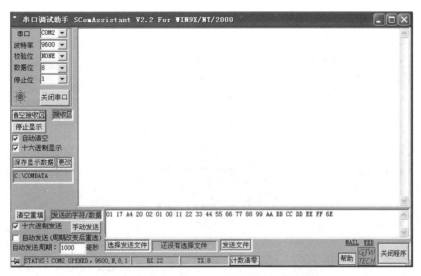

图 6-13　串口发送写卡块数据命令

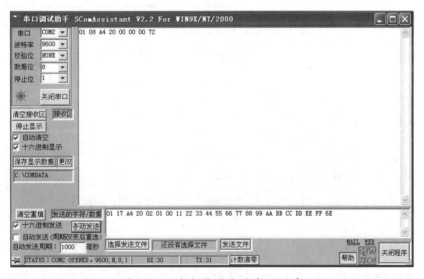

图 6-14　读卡器写卡块成功信息

任务 6.2　　RFID 读卡及写卡程序开发

6.2.1　任务描述

通过运行上一个任务中的串口调试助手软件，打开串口通信，可以将手中的 RFID 卡放在读写器上执行卡扇区中指定块的读取和写入信息操作，并显示出来。本次任务由公司技术部负责人带领同学们通过编程实现 RFID 读卡及写卡程序功能，让同学们在这次项目实践中能够掌握 RFID 读卡及写卡程序开发技术。

6.2.2　任务分析

RFID 读卡及写卡程序功能就是通过串口通信进行 RFID 卡数据块的读取和写入操作，如图 6-15 所示为程序功能模块设计结构图。

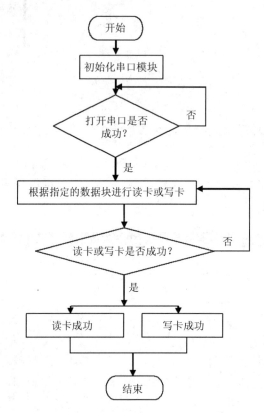

图 6-15　程序功能模块设计结构图

6.2.3　操作方法与步骤

1．RFID 读卡及写卡程序窗体界面的设计

（1）创建 RFID 读卡及写卡程序工程项目。

1）打开 VS.NET 开发环境，在起始页的项目窗体界面中，单击菜单中"文件"下的"新建"按钮，选择"项目"选项，进入"新建项目"对话框，如图 6-16 所示。在左侧项目类型列表中选择 Windows 选项，在右侧的模板中选择"Windows 窗体应用程序"选项，在下方的"名称"输入栏中输入将要开发的应用程序名 RFIDReadandWriteDataApp，在"位置"栏中选择应用程序所保存的路径位置，最后单击"确定"按钮。

2）RFID 读卡及写卡程序工程项目创建完成之后，会显示如图 6-17 所示的工程解决方案。

3）将 RFID 读写模块的 DLL 动态链接库 HFrfid.dll 拷贝进 RFIDReadandWriteData App 工程项目的 bin/Debug 目录中，如图 6-18 所示。

图 6-16 "新建项目"对话框

图 6-17 RFID 读卡及写卡程序工程项目解决方案

图 6-18 拷贝 HFrfid.dll 动态链接库

4）右键单击"引用"，选择"添加引用"选项，如图 6-19 所示。

5）在"添加引用"对话框中，选择"浏览"面板，然后在工程的 Debug 目录下找到并选中 HFrfid.dll 动态链接库，单击"确定"按钮，如图 6-20 所示。

6）当工程项目中完成添加 HFrfid.dll 动态链接库之后，就可以调用相应的方法实现对 RFID 卡的读取和写入等操作，如图 6-21 所示。

图 6-19　添加引用

图 6-20　选中 HFrfid.dll 动态链接库

图 6-21　完成添加 HFrfid.dll 动态链接库

（2）窗体界面设计。

1）选中整个 Form 窗体，在属性栏的 Text 中输入"RFID 读卡和写卡程序"的文本值，如图 6-22 所示。

图 6-22　设置窗体名称文本信息

2）在界面设计中添加一个 Label 控件显示程序标题信息，如 RFID 卡类型及卡号读取程序，一个 ComboBox 控件用于选中串口名称，两个 Button 控件分别实现端口检测和打开串口，一个 Label 控件显示 RFID 模块的设备号信息，一个 TextBox 控件设置 RFID 模块地址为 20，如图 6-23 所示。

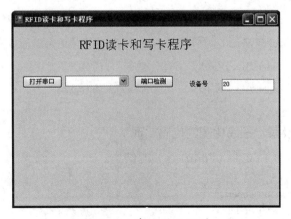

图 6-23　串口界面设计

3）在界面设计中添加两个 Button 控件、四个 ComBox 下拉列表控件、三个 TextBox 控件，完成程序界面设计，通过选定的密钥和指定的数据块，执行读卡中的数据操作和数据写入操作，如图 6-24 所示。

4）将图 6-24 中的主要控件进行规范命名及设置初始值，如表 6-5 所示。

图 6-24　RFID 卡号识别界面设计

表 6-5　程序中各项主要控件的说明

控件名称	命名	说明
ComboBox	cbPort	设置串口名称，如 Com1、Com2、Com3
Button	btntestport	检测当前可用的串口
Button	btnPort	打开或关闭串口按钮
Button	btnReadData	读取卡中指定的数据块信息
Button	btnWriteData	对卡中指定的数据块写入数据
TextBox	txtDeviceAddress	设置 RFID 模块设备地址
TextBox	txtReadData	显示所读取的数据块的 16 个字节数据
TextBox	txtWriteData	设置写入指定数据块的 16 个字节数据
ComboBox	cbkeyRead	选择读取数据块的密钥 A 或密钥 B
ComboBox	cbkeyWrite	选择写入数据块的密钥 A 或密钥 B
ComboBox	cbdataBlockRead	选择读取的数据块
ComboBox	cbdataBlockWrite	选择写入的数据块

2. RFID 读卡及写卡程序功能的代码实现

（1）Form1 窗体代码文件（Form1.cs）的结构。

```
using System;
using System.Collections.Generic;
using System.ComponentModel;
using System.Data;
using System.Drawing;
using System.Linq;
using System.Text;
using System.Windows.Forms;
using System.IO.Ports;           // 添加的串口类
using HFrfid;                    // 添加的 RFID 模块读写类
```

```
namespace RFIDReadandWriteDataApp
{
  public partial class Form1: Form
  {
    public Form1()
    {
      InitializeComponent();
    }
    private void Form1_Load(object sender, EventArgs e)
    {
    }
    private void btntestport_Click(object sender, EventArgs e)
    {
    }
    private void btnPort_Click(object sender, EventArgs e)
    {
    }
    private void btnReadData_Click(object sender, EventArgs e)
    {
    }
    private void btnWriteData_Click(object sender, EventArgs e)
    {
    }
    public void SearchPort()                           // 搜索串口
    {
    }
    public string byteToHexStr(byte[] bytes, int len)  // 数组转十六进制字符
    {
    }
    private static byte[] strToToHexByte(string hexString)  // 字符串转十六进制
    {
    }
  }
}
```

（2）方法说明。

1）Form1_Load 方法。当窗体加载时，首先将下拉列表框中的串口名称清空，然后调用 SearchPort 方法检测当前可用的串口名称。代码的具体实现如下：

```
private void Form1_Load(object sender, EventArgs e)
    {
        cbPort.Items.Clear();
        cbPort.Text = null;
        SearchPort();
    }
```

2）端口检测 btntestport_Click 方法。当单击"端口检测"按钮时，可以调用 SearchPort 方法检测当前可用的串口名称，同时关闭当前正在使用的串口，此时前面的按钮显示为"打开串口"。代码的具体实现如下：

```
private void btntestport_Click(object sender, EventArgs e)
    {
      cbPort.Items.Clear();
      cbPort.Text = null;
      SearchPort();
      PcdOption.CloseSerialPort();
      btnPort.Text = " 打开串口 ";
    }
```

3）打开或关闭串口方法。单击"打开串口"按钮时，执行打开串口方法，通过主界面窗体上的下拉列表框选择可用的串口，如串口名称 Com1，然后调用 HFrfid 动态链接库中的 PcdOption 类静态方法 OpenSerialPort，实现串口打开；单击"关闭串口"按钮时，调用 HFrfid 动态链接库中的 PcdOption 类静态方法 CloseSerialPort，实现串口关闭。代码的具体实现如下：

```
private void btnPort_Click(object sender, EventArgs e)
{
  try
  {
    if (btnPort.Text == " 打开串口 ")
    {
      bool flg = PcdOption.OpenSerialPort(cbPort.Text);
      if (flg == true)
      {
        btnPort.Text = " 关闭串口 ";
      }
      else
      {
        MessageBox.Show(" 串口无法打开 ");
      }
    }
    else
    {
      PcdOption.CloseSerialPort();
      btnPort.Text = " 打开串口 ";
    }
  }
  catch
  {
    txtstatus.Text = " 串口被占用 ";
  }
}
```

4）读取 RFID 卡的指定数据块方法。当串口打开成功之后，首先调用实例化一个 HFrfid 动态链接库中的 PcdOption 类中的 PcdParams 结构体，然后给 PcdParams 结构体对象的属性进行赋值，这里分别赋值读取验证密钥 A 或密钥 B 的数据块命令 Cmd_M1_KeyA_ReadBlock 或 Cmd_M1_KeyB_ReadBlock，读写器地址为 20，指定数据块的块号，读写成功后蜂鸣器发出声音 PcdOption.DevBeep.BeepOn 属性值及读取数据之后存放的数组 RxBuffer[]，最后调用 PcdOption 类的 M1_Operation 方法，并将 PcdParams

结构体对象作为参数，执行读卡操作，如果读卡成功，将指定数据块中的 16 个字节数据显示在 TextBox 控件中。代码的具体实现如下：

```
private void btnReadData_Click(object sender, EventArgs e)
{
    int status;
    byte[] blockdata = new byte[16];
    txtstatus.Clear();
    txtReadData.Clear();
    if (cbdataBlockRead.Text == " 选择数据块 ")
    {
        txtstatus.Text = " 请选择数据块 ";
        return;
    }
    PcdOption.PcdParams NewParams = new PcdOption.PcdParams();  // 声明一个结构体
    if (cbkeyRead.Text == "KeyA")
        NewParams.M1Cmd = PcdOption.M1Cmd.Cmd_M1_KeyA_ReadBlock;  // 读卡数据块命令
                                                                 // 验证 Key A
    else if (cbkeyRead.Text == "KeyB")
        NewParams.M1Cmd = PcdOption.M1Cmd.Cmd_M1_KeyB_ReadBlock;  // 读卡数据块命令
                                                                 // 验证 Key B
    else
        return;
    NewParams.DevAddr = Convert.ToByte(txtDeviceAddress.Text, 16);    // 读写器地址
    NewParams.M1Block = Convert.ToByte(cbdataBlockRead.Text, 10);     // 数据块块号
    NewParams.DevBeep = PcdOption.DevBeep.BeepOn;  // 读取数据块成功，蜂鸣器提示
    NewParams.RxBuffer = new byte[16];             // 读到数据块的数据后会保存在
                                                   // 这里面，一次读取 16 个字节

    status = PcdOption.M1_Operation(NewParams);    // 读操作
    if (status == 0)// 读成功
    {
        for (int i = 0; i < 16; i++)
            blockdata[i] = NewParams.RxBuffer[i];  // 获取读到的数据，并将读到的数据
                                                   // 拷贝到 blockdata 数组

        string ss = byteToHexStr(blockdata, 16);   // 将读取的数据转换成字符串
        txtReadData.Text = ss;
        txtstatus.Text = " 读指定块数据成功 ";
    }
    else
    {
        txtstatus.Text = " 错误码：" + status.ToString();    // 错误码参照 DLL 说明手册
    }
}
```

5）数据写入 RFID 卡中指定的数据块方法。当串口打开成功之后，首先调用 strToToHexByte 方法将 16 位字符串转换为 16 个字节数据，然后实例化一个 HFrfid 动态链接库中的 PcdOption 类中的 PcdParams 结构体，然后对 PcdParams 结构体对象的属性进行赋值，这里分别赋值读取验证密钥 A 或密钥 B 的数据块命令 Cmd_M1_KeyA_

WriteBlock 或 Cmd_M1_KeyB_WriteBlock，读写器地址为 20，指定数据块的块号，读写成功后蜂鸣器发出声音 PcdOption.DevBeep.BeepOn 属性值及读取数据之后存放的数组 TxBuffer[]，最后调用 PcdOption 类的 M1_Operation 方法，并将 PcdParams 结构体对象作为参数执行写卡操作，如果写卡成功，将 16 个字节数据写入指定的数据块中。代码的具体实现如下：

```
private void btnWriteData_Click(object sender, EventArgs e)
    {
      int status;
      byte[] buff = new byte[16];
      txtstatus.Clear();
      if (txtWriteData.Text == "")
      {
        txtWriteData.Text = " 写数据不能为空 ";
        return;
      }
      if (txtWriteData.Text.Length != 32)
      {
        txtstatus.Text = " 写数据长度错误，请保证每次写入 16 字节数据 ";
        return;
      }
      byte[]data = strToToHexByte(txtWriteData.Text);
      if (cbdataBlockWrite.Text == " 选择数据块 ")
      {
        txtstatus.Text = " 请选择数据块 ";
        return;
      }
    PcdOption.PcdParams NewParams = new PcdOption.PcdParams();    // 声明一个结构体
    if (cbkeyWrite.Text == "KeyA")
        NewParams.M1Cmd = PcdOption.M1Cmd.Cmd_M1_KeyA_WriteBlock;
    else if (cbkeyWrite.Text == "KeyB")
        NewParams.M1Cmd = PcdOption.M1Cmd.Cmd_M1_KeyB_WriteBlock;
    else
        return;
    NewParams.DevAddr = Convert.ToByte(txtDeviceAddress.Text, 16);
    NewParams.M1Block = Convert.ToByte(cbdataBlockWrite.Text, 10);
    NewParams.DevBeep = PcdOption.DevBeep.BeepOn;
    NewParams.TxBuffer = new byte[16];

    for (int i = 0; i < 16; i++)
      NewParams.TxBuffer[i] = data[i];           // 将要写的 16 字节数据保存到结构体成员
                                                 //TxBuffer 数组中
    status = PcdOption.M1_Operation(NewParams);
    if (status == 0x00)                          // 写成功
    {
      txtstatus.Text = " 写数据到指定块成功 ";
```

```
            return;
        }
        txtstatus.Text = " 错误码：" + status.ToString();
    }
```

6）搜索串口方法。首先执行串口类的 GetPortNames 方法，然后循环获得当前 PC
端可用的串口，并显示在下拉列表框中。代码的具体实现如下：

```
public void SearchPort()  // 搜索串口
    {
        string[] ports = SerialPort.GetPortNames();
        foreach (string port in ports)
        {
            cbPort.Items.Add(port);
        }
        if (ports.Length > 0)
        {
            cbPort.Text = ports[0];
        }
        else
        {
            MessageBox.Show(" 没有发现可用端口 ");
        }
    }
```

7）数组转十六进制字符方法。主要将参数中的字节数据转换为字符串形式在界面
控件中显示。代码的具体实现如下：

```
public string byteToHexStr(byte[] bytes, int len)        // 数组转十六进制字符
    {
        string returnStr = "";
        if (bytes != null)
        {
            for (int i = 0; i < len; i++)
            {
                returnStr += bytes[i].ToString("X2");
            }
        }
        return returnStr;
    }
```

8）字符串转十六进制方法。主要将参数中的字符串转换为字节数组形式，以便能
够将字节数组中的字节数据写入 RFID 卡中。代码的具体实现如下：

```
private static byte[] strToToHexByte(string hexString)        // 字符串转十六进制
    {
        if ((hexString.Length % 2) != 0)
            hexString = "0" + hexString;
        byte[] returnBytes = new byte[hexString.Length / 2];
        for (int i = 0; i < returnBytes.Length; i++)
            returnBytes[i] = Convert.ToByte(hexString.Substring(i * 2, 2), 16);
        return returnBytes;
    }
```

RFID 读卡和写卡程序的运行界面如图 6-25 所示。

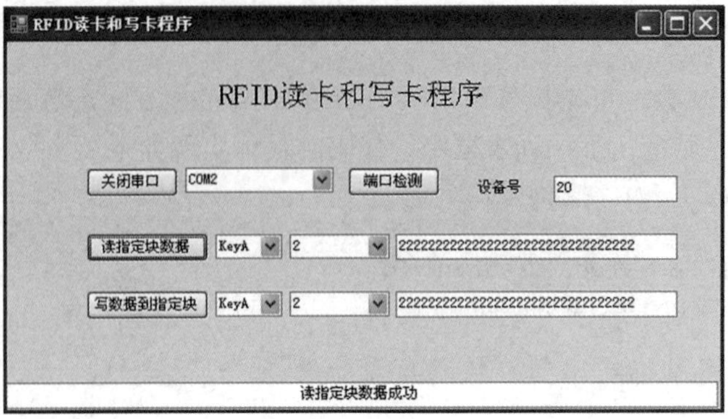

图 6-25　RFID 读卡和写卡程序的运行界面

思考与练习

1. 填空题

（1）M1 卡的结构分为 _____ 、 _____ 模块、 _____ 单元、 _____ 存储器。

（2）阅读器与 M1 卡通信的数据传输速率为 _____ ，从阅读器到卡的信号采用 _____ 调制方式和 _____ 编码方式，从卡到阅读器的信号采用 _____ 调制方式和 _____ 编码方式。

（3）在所有存储器操作之前进行 _____ 过程，以保证必须通过各块指定 _____ 才能访问该块。

2. 简答题

（1）简述 M1 卡的功能组成。

（2）简述 M1 卡与阅读器的通信。

3. 操作题

（1）利用串口调试助手软件，完成对 M1 卡块 3 的 Key A 和 Key B 的数据读取操作。

（2）利用串口调试助手软件，完成对 M1 卡块 3 的 Key A 和 Key B 的数值为 20 的数据写入操作。

项目 7
RFID 电子钱包应用

城市公共交通是城市居民日常出行的主要手段，以非接触式射频卡为基础的城市公共交通自动收费系统正是用先进的电子支付取代原始的人工售票或投币，也是一种提高运营效率、改善服务质量的有效手段。

【学习目标】

1. 知识目标

● 理解 Mifare 卡的通信原理。
● 掌握 Mifare 卡初始化钱包命令。
● 掌握 Mifare 卡减值命令。
● 掌握 Mifare 卡加值命令。
● 掌握 Mifare 卡余额查询命令。

2. 技能目标

● 能正确使用设备通过串口通信方式，实现初始化、减值、加值及查询卡中指定块数据。
● 能正确掌握 RFID 电子钱包程序的设计。
● 能正确掌握 RFID 电子钱包程序的功能实现。
● 能正确运行 RFID 电子钱包程序。

任务 7.1　认识 RFID 射频卡及工作原理

7.1.1　任务描述

公司技术部负责人给参与此次项目开发的同学们介绍了当前主流的 M1 卡的功能组成和 M1 卡与阅读器的通信原理的相关知识，并带领同学们通过简单的动手实践操作，对 M1 卡相关扇区的指定块进行读取和写入。同学们在这次项目实践中能够理解和掌握 RFID 卡的读取和写入机制。

7.1.2　任务分析

1. M1 卡的通信原理

M1 卡的通信原理流程为：休眠、呼叫、防冲突循环、选卡、三轮认证、存储器操作、返回休眠态，如图 7-1 所示。

（1）休眠。在没有进入读写器或芯片的工作范围时，M1 卡处于休眠状态。

（2）呼叫。在进入读写器或芯片的工作范围时，M1 卡被唤醒，卡上电复位后向读写器发回 request 应答码，能够回应读写器向天线范围内所有卡发出的 request 命令。

（3）防冲突循环。在防冲突循环中，读写器读回某一张卡的序列号，即从工作范围内的 1-n 张卡中读回其中一张卡的序列号，并选定以进行下一步交易。其他未被选定的卡转入休眠状态，等待新的 request 命令。

（4）选卡。读写器或芯片选定一张卡，卡返回选定的应答码（ATS = 08h），明确所选的卡型。

（5）三轮认证。选卡后，读写器或芯片指定后续读取的存储器位置，采用加密算法，使用相应密钥进行三轮认证。认证成功后，所有的存储器操作都是加密的。采用符合 ISO 9798-2 的三轮认证，以保证高度的安全性。三轮认证的流程如下：

1）读写器指定要访问的区，并选择密钥 A 或密钥 B。

2）卡从位块读区密钥和访问条件，然后卡向读写器发送随机数（第一轮）。

3）读写器利用密钥和随机数计算回应值，回应值连同读写器的随机数发送给卡（第二轮）。

4）卡通过与自己的随机数比较，验证读写器的回应值，再计算回应值并发送（第三轮）。

5）读写器通过比较验证卡的回应值，这样认证加密后，就有效地保护了个人隐私。

（6）存储器操作。认证成功后，可以进行下列存储器操作：读数据块、写数据块、减值（减少数据块内的数值，并将结果保存在临时内部数据寄存器中）、加值（增加数据块内的数值，并将结果保存在临时内部数据寄存器中）、恢复（将数据块的内容移入数据寄存器）、转存（将临时内部数据寄存器的内容写入数据块）。

（7）返回休眠态。完成存储操作后，M1 卡进入休眠状态，等待下一次唤醒。

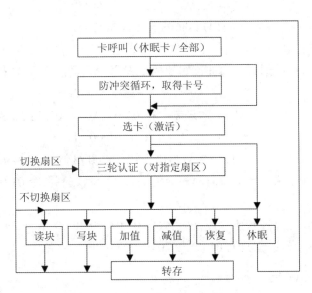

图 7-1　M1 卡通信原理流程图

2．M1 卡初始化钱包命令

RFID 卡初次使用钱包功能时，一定要先将对应的数据块初始化为钱包格式，否则钱包的加值（充值）、减值（扣款）、查询余额等操作将会失败。

（1）PC 端通过串口通信与读写器进行数据通信，发送如表 7-1 所示的命令。

表 7-1　初始化钱包数据命令

0	1	2	3	4	5	6 ~ 9	10
命令类型	包长度	命令	地址	块号	状态提示	初始化（4 字节）	校验和
0x01	0x08	0xA6 0x59	0x20	X	0x00：关 0x01：开	低位－高位	X

（2）读写器收到 PC 端传送的初始化钱包命令之后，验证密钥 A 或密钥 B，然后进行初始化卡块数据，并返回相应的十六进制数据，数据格式如表 7-2 所示。

表 7-2　读卡块数据返回数据格式

0	1	2	3	4	5 ~ 8	9
包类型	包长度	返回命令	地址	状态	返回钱包值（4 字节）	校验和
0x01	0xA	0xA6 0x59	0x20	0x00：成功	低位－高位	X

0	1	2	3	4	5 ~ 6	7
包类型	包长度	返回命令	地址	状态	保留	校验和
0x01	0x08	0xA6 0x59	0x20	0x01：初始化失败 0x03：初始化成功，读取余额失败	0x00 0x00	X

电子钱包的值的范围为：$-2147483648 \sim 2147483647$。

例 1：验证卡的 KEY A，将块 2 初始化为钱包，并赋值 0x12345678，LED 与蜂鸣器状态提示关闭，PC 端通过串口向读写器模块发送十六进制命令 01 0B A6 20 02 00 78 56 34 12 79。

如果写卡成功，读写器返回十六进制数据 01 0A A6 20 00 78 56 34 12 7A；如果写卡失败，读写器返回十六进制数据 01 08 A6 20 01 00 00 71。

例 2：验证卡的 KEY B，将块 2 初始化为钱包，并赋值 0x12345678，LED 与蜂鸣器状态提示开启，PC 端通过串口向读写器模块发送十六进制命令 01 0B 59 20 02 01 78 56 34 12 87。

如果写卡成功，读写器返回十六进制数据 01 0A 59 20 00 78 56 34 12 85；如果写卡失败，读写器返回十六进制数据 01 08 59 20 01 00 00 8E。

3．M1 卡减值（扣款）操作命令

（1）PC 端通过串口通信与读写器进行数据通信，发送如表 7-3 所示的命令。

表 7-3　卡块数据减值（扣款）命令

0	1	2	3	4	5	6 ~ 9	10
命令类型	包长度	命令	地址	块号	状态提示	减值（4字节）	校验和
0x01	0x08	0xA7 0x58	0x20	X	0x00：关 0x01：开	低位－高位	X

（2）读写器收到 PC 端传送的卡块数据减值（扣款）命令之后，验证密钥 A 或密钥 B，然后进行卡块数据减值（扣款）操作，并返回相应的十六进制数据，数据格式如表 7-4 所示。

表 7-4　卡块数据减值（扣款）返回数据格式

0	1	2	3	4	5 ~ 8	9
包类型	包长度	返回命令	地址	状态	返回钱包值（4字节）	校验和
0x01	0x0A	0xA7 0x58	0x20	0x00：成功	低位－高位	X

0	1	2	3	4	5 ~ 6	7
包类型	包长度	返回命令	地址	状态	保留	校验和
0x01	0x08	0xA7 0x58	0x20	0x01：扣款失败 0x03：扣款成功， 读取余额失败	0x00 0x00	X

块 6 被设置成钱包，余额（原值）为 100，发送 01 0B A6 20 06 00 64 00 00 00 11。

例 1：块 6 的值减 58（十进制），验证卡的 KEY A，LED 和蜂鸣器状态提示开启，PC 端通过串口向读写器模块发送十六进制命令 01 0B A7 20 06 01 3A 00 00 00 4F。

减值成功，读写器返回十六进制数据 01 0A A7 20 00 2A 00 00 00 59；减值失败，读写器返回十六进制数据 01 08 A7 20 01 00 00 70。

例 2：块 6 的值减 58（十进制），验证卡的 KEY B，LED 和蜂鸣器状态提示开启，PC 端通过串口向读写器模块发送十六进制命令 01 0B 58 20 06 01 3A 00 00 00 B0。

减值成功，读写器返回十六进制数据 01 0A 58 20 00 2A 00 00 00 A6；减值失败，读写器返回十六进制数据 01 08 58 20 01 00 00 8F。

4. M1 卡加值（充值）操作命令

（1）PC 端通过串口通信与读写器进行数据通信，发送如表 7-5 所示的命令。

表 7-5　卡块数据加值（充值）命令

0	1	2	3	4	5	6 ~ 9	10
命令类型	包长度	命令	地址	块号	状态提示	加值	校验和
0x01	0x08	0xA8 0x57	0x20	X	0x00：关 0x01：开	低位－高位	X

（2）读写器收到 PC 端传送的卡块数据加值（充值）命令之后，验证密钥 A 或密钥 B，然后进行卡块数据加值（充值）操作，并返回相应的十六进制数据，数据格式如表 7-6 所示。

表 7-6　卡块数据加值（充值）返回的数据格式

0	1	2	3	4	5 ~ 8	9
包类型	包长度	返回命令	地址	状态	返回钱包值（4 字节）	校验和
0x01	0x0A	0xA8 0x57	0x20	0x00：成功	低位－高位	X

0	1	2	3	4	5 ~ 6	7
包类型	包长度	返回命令	地址	状态	保留	校验和
0x01	0x08	0xA8 0x57	0x20	0x01：充值失败 0x03：充值成功，读取余额失败	0x00 0x00	X

块 6 被设置成钱包，余额（原值）为 100，发送命令 01 0B A6 20 06 00 64 00 00 00 11。

例 1：块 6 的值加 58（十进制），验证卡的 KEY A，LED 和蜂鸣器状态提示开启，PC 端通过串口向读写器模块发送十六进制命令 01 0B A8 20 06 01 3A 00 00 00 40。

加值成功，读写器返回十六进制数据 01 0A A8 20 00 9E 00 00 00 E2；加值失败，读写器返回十六进制数据 01 08 A8 20 01 00 00 7F。

例 2：块 6 的值加 58（十进制），验证卡的 KEY B，LED 和蜂鸣器状态提示开启，PC 端通过串口向读写器模块发送十六进制命令 01 0B 57 20 06 01 3A 00 00 00 BF。

加值成功，读写器返回十六进制数据 01 0A 57 20 00 9E 00 00 00 1D；加值失败，读写器返回十六进制数据 01 08 57 20 01 00 00 80。

5. M1 卡余额查询命令

（1）PC 端通过串口通信与读写器进行数据通信，发送如表 7-7 所示的命令。

表 7-7　钱包数据余额查询命令

0	1	2	3	4	5	6	7
命令类型	包长度	命令	地址	块号	状态提示	保留	校验和
0x01	0x08	0xA9 0x56	0x20	X	0x00：关 0x01：开	0x00	X

（2）读写器收到 PC 端传送的钱包余额查询命令之后，验证密钥 A 或密钥 B，然后进行卡块 6 余额数据查询，并返回相应的十六进制数据，数据格式如表 7-8 所示。

表 7-8　读卡块数据查询返回的数据格式

0	1	2	3	4	5 ~ 8	9
包类型	包长度	返回命令	地址	状态	返回钱包值（4 字节）	校验和
0x01	0x0A	0xA9 0x56	0x20	0x00：成功	低位－高位	X

0	1	2	3	4	5 ~ 6	7
包类型	包长度	返回命令	地址	状态	保留	校验和
0x01	0x08	0xA9 0x56	0x20	0x01：失败	0x00 0x00	X

块 6 被设置成钱包，已知块 6 的值（余额）为 0x64（十进制为 100）。

例 1：查询块 6 的值（余额），验证 KEY A，LED 和蜂鸣器状态提示关闭，PC 端通过串口向读写器模块发送十六进制命令 01 08 A9 20 06 00 00 79。

查询成功，读写器返回十六进制数据 01 0A A9 20 00 64 00 00 00 19；查询失败，读写器返回十六进制数据 01 08 A9 20 01 00 00 7E。

例 2：查询块 6 的值（余额），验证 KEY B，LED 和蜂鸣器状态提示开启，PC 端通过串口向读写器模块发送十六进制命令 01 08 56 20 06 01 00 87。

查询成功，读写器返回十六进制数据 01 0A 56 20 00 64 00 00 00 E6；查询失败，读写器返回十六进制数据 01 08 56 20 01 00 00 81。

7.1.3　操作方法与步骤

1. 串口通信初始化 RFID 卡块数据

首先 PC 端通过串口通信方式连接 RFID 读写器模块，然后在 PC 端以串口方式访问 RFID 读写模块，实现初始化卡块数据的操作。

（1）PC 端与 RFID 读写器模块串口通信。

1）将 USB 串口线缆一端接入 RFID 教学实验实训平台的 RFID_PC 端通信接口，另一端接入 PC 机的 USB 接口，如图 7-2 所示。

2）当之前的 USB 串口驱动安装完成之后，在 PC 端中用鼠标右键单击"我的电脑"图标，弹出下拉菜单，选择"设备管理器"选项，如图 7-3 所示。

3）打开"设备管理器"窗口，找到"端口（COM 和 LPT）"选项，展开选项之后出现如图 7-4 所示的设备串口，这里为 USB-SERIAL CH340（COM2），串口名称为 COM2。

4）如图 7-5 所示，RFID 读写器模块直接通过串口与 PC 端进行通信。这里可以将一张 RFID 卡放在 RFID 读写模块上，以便 RFID 模块可以采集和读写 RFID 卡。

图 7-2　USB 线缆接线设置

图 7-3　PC 端的"设备管理器"选项

图 7-4　获取设备的串口名称

图 7-5　RFID 读写器模块

（2）通过串口发送命令初始化卡块数据。打开串口调试助手软件，RFID 读写器默认的波特率为 9600，无校验，8 位数据位，1 位停止位，选择十六进制发送和十六进制显示，初始化卡块 2 中的数据值为 0x12345678，在发送区中输入 01 0B A6 20 02 00 78 56 34 12 79，单击"手动发送"按钮，如图 7-6 所示。

图 7-6　串口发送读卡块数据命令

（3）读卡器向串口返回卡块数据。当 PC 端以十六进制数据格式通过串口向读卡器发送 01 0B A6 20 02 00 78 56 34 12 79 命令之后，读卡器写入 RFID 卡中数据块 2 的数据信息值为 0x12345678，如图 7-7 所示。

图 7-7　读卡器返回卡块初始化数据

2. 串口通信 RFID 卡块数据减值操作

首先 PC 端通过串口通信方式连接 RFID 读写器模块，然后可以在 PC 端以串口方式访问 RFID 读写模块，实现卡块的数据减值操作。

（1）PC 端与 RFID 读写器模块串口通信。

1）将 USB 串口线缆一端接入 RFID 教学实验实训平台的 RFID_PC 端通信接口，另一端接入 PC 机的 USB 接口，如图 7-8 所示。

图 7-8　USB 线缆接线设置

2）当之前的 USB 串口驱动安装完成之后，在 PC 端中用鼠标右键单击"我的电脑"

图标，弹出下拉菜单，选择"设备管理器"选项，如图 7-9 所示。

图 7-9　PC 端的"设备管理器"选项

3）打开"设备管理器"窗口，找到"端口（COM 和 LPT）"选项，展开选项之后出现如图 7-10 所示的设备串口，这里为 USB-SERIAL CH340（COM2），串口名称为COM2。

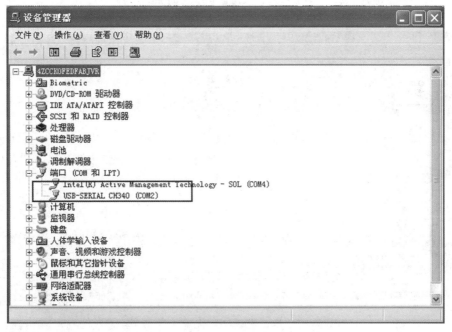

图 7-10　获取设备的串口名称

4）如图 7-11 所示，RFID 读写器模块直接通过串口与 PC 端进行通信。这里可以将一张 RFID 卡放在 RFID 读写模块上，以便 RFID 模块可以采集和读写 RFID 卡。

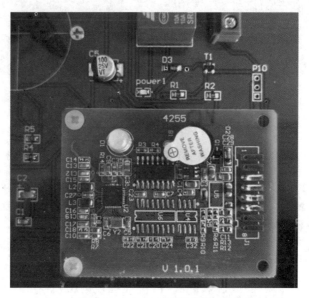

图 7-11　RFID 读写器模块

（2）通过串口发送命令初始化卡块 6 的数据。打开串口调试助手软件，RFID 读写器默认的波特率为 9600，无校验，8 位数据位，1 位停止位，选择十六进制发送和十六进制显示，这里初始化 RFID 卡块 6 的数值为 100，在发送区中输入 01 0B A6 20 06 00 64 00 00 00 11，单击"手动发送"按钮，如图 7-12 所示。

图 7-12　串口发送初始化卡块数据命令

（3）读卡器向串口返回初始化卡块 6 成功的数据。当 PC 端以十六进制数据格式通过串口向读卡器发送 01 0B A6 20 06 00 64 00 00 00 11 命令之后，读写器将数据 100 写入 RFID 卡中的数据块 6，如图 7-13 所示。

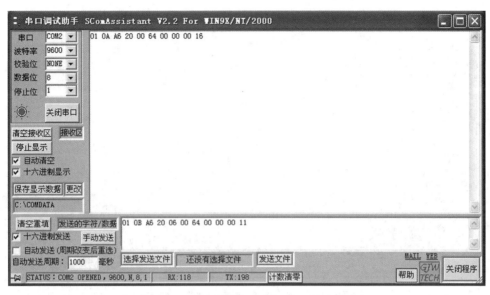

图 7-13　读卡器初始化卡块 6 成功信息

（4）通过串口发送命令减值卡块 6 的数据。之前已初始化 RFID 卡块 6 的数值为 100，这里减值 58（十六进制为 3A），在发送区中输入 01 0B A7 20 06 01 3A 00 00 00 4F，单击"手动发送"按钮，如图 7-14 所示。

图 7-14　串口发送卡块数据减值命令

（5）读卡器向串口返回块 6 减值成功的数据。当 PC 端以十六进制数据格式通过串口向读卡器发送 01 0B A7 20 06 01 3A 00 00 00 4F 命令之后，读写器执行减值操作，如果减值成功，余额应为 42（十六进制为 2A），写入 RFID 卡中的数据块 6，如图 7-15 所示。

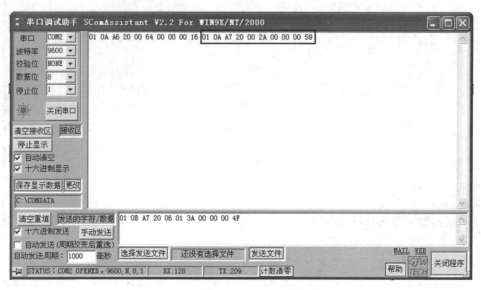

图 7-15　读卡器卡块 6 减值成功信息

3. 串口通信 RFID 卡块数据加值操作

首先 PC 端通过串口通信方式连接 RFID 读写器模块，然后在 PC 端以串口方式访问 RFID 读写模块，实现卡块的数据加值操作。

（1）PC 端与 RFID 读写器模块串口通信。

1）将 USB 串口线缆一端接入 RFID 教学实验实训平台的 RFID_PC 端通信接口，另一端接入 PC 机的 USB 接口，如图 7-16 所示。

图 7-16　USB 线缆接线设置

2）当之前的 USB 串口驱动安装完成之后，在 PC 端中用鼠标右键单击"我的电脑"图标，弹出下拉菜单，选择"设备管理器"选项，如图 7-17 所示。

图 7-17　PC 端的"设备管理器"选项

3）打开"设备管理器"窗口，找到"端口（COM 和 LPT）"选项，展开选项之后出现如图 7-18 所示的设备串口，这里为 USB-SERIAL CH340（COM2），串口名称为COM2。

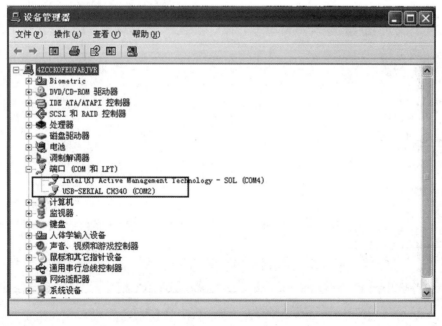

图 7-18　获取设备的串口名称

4）如图 7-19 所示，RFID 读写器模块直接通过串口与 PC 端进行通信。这里可以将一张 RFID 卡放在 RFID 读写模块上，以便 RFID 模块可以采集和读写 RFID 卡。

图 7-19　RFID 读写器模块

（2）通过串口发送命令初始化卡块 6 的数据。打开串口调试助手软件，RFID 读写器默认的波特率为 9600，无校验，8 位数据位，1 位停止位，选择十六进制发送和十六进制显示，这里初始化 RFID 卡块 6 的数值为 100，在发送区中输入 01 0B A6 20 06 00 64 00 00 00 11，单击"手动发送"按钮，如图 7-20 所示。

图 7-20　串口发送初始化卡块数据命令

（3）读卡器向串口返回初始化卡块 6 成功的数据。当 PC 端以十六进制数据格式通过串口向读卡器发送 01 0B A6 20 06 00 64 00 00 00 11 命令之后，读写器将数据 100 写入 RFID 卡中的数据块 6，如图 7-21 所示。

图 7-21　读卡器初始化卡块 6 成功信息

（4）通过串口发送命令加值卡块 6 的数据。之前已初始化 RFID 卡块 6 的数值为 100，这里加值 58（十六进制为 3A），在发送区中输入 01 0B A8 20 06 01 3A 00 00 00 40，单击"手动发送"按钮，如图 7-22 所示。

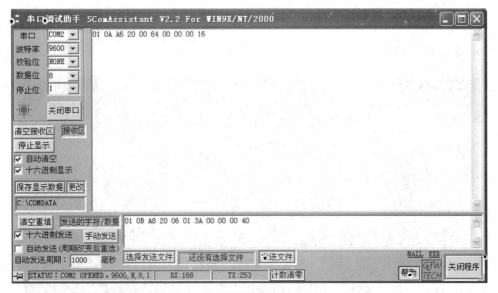

图 7-22　串口发送卡块数据加值命令

（5）读卡器向串口返回块 6 加值成功的数据。当 PC 端以十六进制数据格式通过串口向读卡器发送 01 0B A8 20 06 01 3A 00 00 00 40 命令之后，读写器执行加值操作，如果加值成功，余额应为 158（十六进制为 9E），写入 RFID 卡中的数据块 6，如图 7-23 所示。

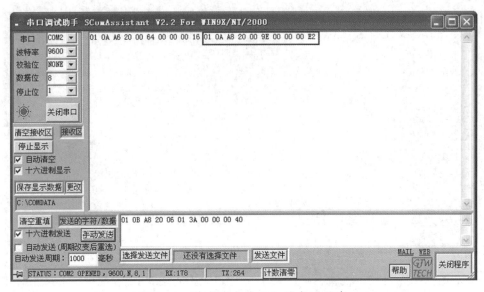

图 7-23　读卡器卡块 6 加值成功信息

4. 串口通信 RFID 卡块数据查询操作

首先 PC 端通过串口通信方式连接 RFID 读写器模块，然后在 PC 端以串口方式访问 RFID 读写模块，实现卡块的数据余额查询操作。

（1）PC 端与 RFID 读写器模块串口通信。

1）将 USB 串口线缆一端接入 RFID 教学实验实训平台的 RFID_PC 端通信接口，另一端接入 PC 机的 USB 接口，如图 7-24 所示。

图 7-24　USB 线缆接线设置

2）当之前的 USB 串口驱动安装完成之后，在 PC 端中用鼠标右键单击"我的电脑"图标，弹出下拉菜单，选择"设备管理器"选项，如图 7-25 所示。

图 7-25　PC 端的"设备管理器"选项

3）打开"设备管理器"窗口，找到"端口（COM 和 LPT）"选项，展开选项之后出现如图 7-26 所示的设备串口，这里为 USB-SERIAL CH340（COM2），串口名称为 COM2。

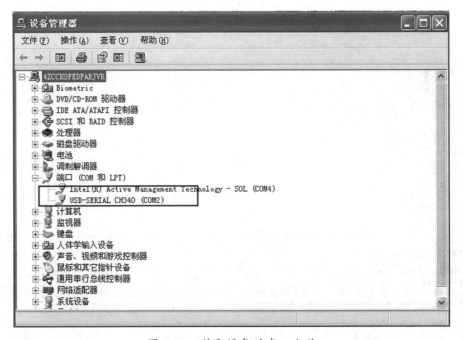

图 7-26　获取设备的串口名称

4）如图 7-27 所示，RFID 读写器模块直接通过串口与 PC 端进行通信。这里可以将一张 RFID 卡放在 RFID 读写模块上，以便 RFID 模块可以采集和读写 RFID 卡。

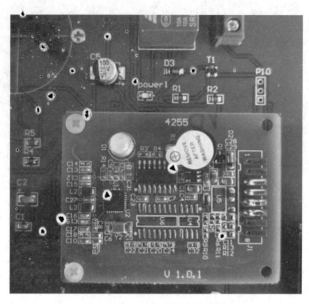

图 7-27　RFID 读写器模块

（2）通过串口发送命令初始化卡块 6 的数据。打开串口调试助手软件，RFID 读写器默认的波特率为 9600，无校验，8 位数据位，1 位停止位，选择十六进制发送和十六进制显示，这里初始化 RFID 卡块 6 的数值为 100，在发送区中输入 01 0B A6 20 06 00 64 00 00 00 11，单击"手动发送"按钮，如图 7-28 所示。

图 7-28　串口发送初始化卡块数据命令

（3）读卡器向串口返回初始化卡块 6 成功的数据。当 PC 端以十六进制数据格式通过串口向读卡器发送 01 0B A6 20 06 00 64 00 00 00 11 命令之后，读写器将数据 100 写入 RFID 卡中的数据块 6，如图 7-29 所示。

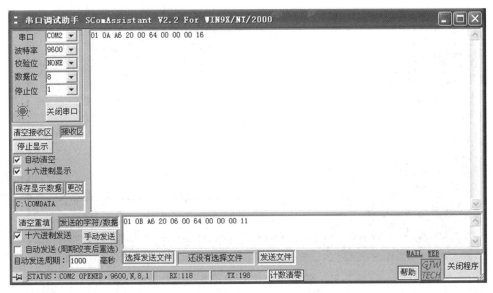

图 7-29　读卡器初始化卡块 6 成功信息

（4）通过串口发送卡块 6 数据查询命令。之前已初始化 RFID 卡块 6 的数值为 100，在发送区中输入 01 08 A9 20 06 00 00 79，单击"手动发送"按钮，如图 7-30 所示。

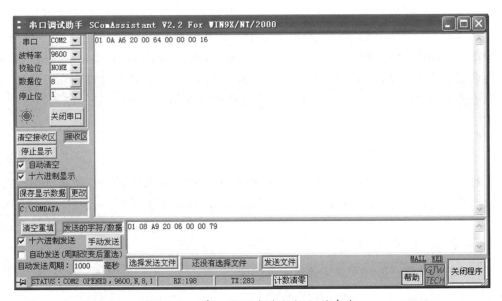

图 7-30　串口发送卡块数据加值命令

（5）读卡器向串口返回块 6 余额查询成功的信息。当 PC 端以十六进制的数据格式通过串口向读卡器发送 01 08 A9 20 06 00 00 79 余额查询命令之后，读写器执行查询操作，如果查询成功，RFID 卡块 6 的数值余额应为 100（十六进制为 64），如图 7-31 所示。

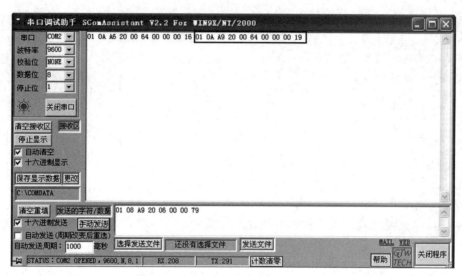

图 7-31　读卡器卡块 6 余额查询成功信息

任务 7.2　RFID 卡电子钱包程序开发

7.2.1　任务描述

通过上一个任务中的串口通信发送命令，实现卡的初始化、扣款、充值、余额查询操作，可以将手中的 RFID 卡放在读写器上进行卡扇区指定块的初始化、减值、加值及查询信息并显示出来。本次任务由公司技术部负责人带领同学们通过编程实现 RFID 卡电子钱包程序功能，让同学们在这次项目实践中能够掌握 RFID 卡电子钱包程序开发技术。

7.2.2　任务分析

RFID 电子钱包程序功能就是通过串口通信对 RFID 卡中指定的数据块进行初始化、加值、减值和数据的查询操作，如图 7-32 所示为程序功能模块设计结构图。

7.2.3　操作方法与步骤

1. RFID 卡电子钱包程序窗体界面的设计

（1）创建 RFID 电子钱包程序工程项目。

1）打开 VS.NET 开发环境，在起始页的项目窗体界面中，单击菜单中"文件"下的"新建"按钮，选择"项目"选项，进入"新建项目"对话框，如图 7-33 所示。在左侧项目类型列表中选择 Windows 选项，在右侧的模板中选择"Windows 窗体应用程序"选项，在下方的"名称"输入栏中输入将要开发的应用程序名 RFIDMoneyBagApp，在"位置"栏中选择应用程序所保存的路径位置，最后单击"确定"按钮。

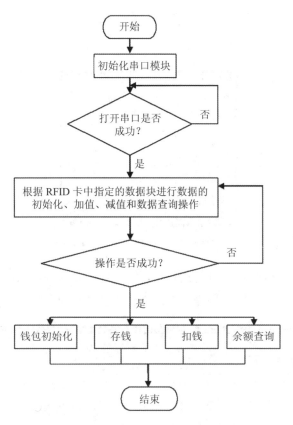

图 7-32　程序功能模块设计结构图

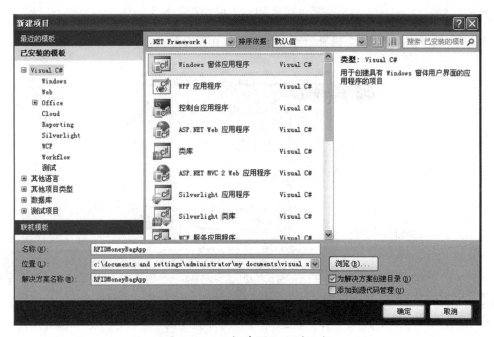

图 7-33　"新建项目"对话框

2）RFID 电子钱包程序工程项目创建完成之后，会显示如图 7-34 所示的工程解决方案。

图 7-34　RFID 电子钱包程序工程项目解决方案

3）将 RFID 读写模块中 DLL 动态链接库的 HFrfid.dll 拷贝进 RFIDMoneyBagApp 工程项目的 bin/Debug 目录中，如图 7-35 所示。

图 7-35　拷贝 HFrfid.dll 动态链接库

4）右键单击"引用"，选择"添加引用"选项，如图 7-36 所示。

图 7-36　添加引用

5）在"添加引用"对话框中，选择"浏览"面板，然后在工程的 Debug 目录下找到并选中 HFrfid.dll 动态链接库，单击"确定"按钮，如图 7-37 所示。

6）当工程项目中完成添加 HFrfid.dll 动态链接库之后，就可以调用相应的方法实现 RFID 卡电子钱包的功能，如图 7-38 所示。

图 7-37 选中 HFrfid.dll 动态链接库

（2）窗体界面设计。

1）选中整个 Form 窗体，在属性栏的 Text 中输入"RFID 钱包充值卡程序"的文本值，如图 7-39 所示。

图 7-38 完成添加 HFrfid.dll 动态链接库

图 7-39 设置窗体名称文本信息

2）在界面设计中添加一个 Label 控件显示程序标题信息，如 RFID 卡类型及卡号读取程序，一个 ComboBox 控件用于选中串口名称，两个 Button 控件分别实现端口检测和打开串口，一个 Label 控件显示 RFID 模块的设备号信息，一个 TextBox 控件设置 RFID 模块地址为 20，如图 7-40 所示。

3）在界面设计中添加四个 Button 控件、八个 ComBox 下拉列表控件、五个 TextBox 控件，完成程序界面的设计。通过选定的密钥和指定的数据块，执行卡中数据初始化操作、数据加值操作、数据减值操作和数据的查询操作，如图 7-41 所示。

4）将图 7-41 中的主要控件进行规范命名及设置初始值，如表 7-9 所示。

图 7-40 串口界面设计

图 7-41 RFID 电子钱包程序界面设计

表 7-9 程序中各项主要控件的说明

控件名称	命名	说明
ComboBox	cbPort	设置串口名称，如 Com1、Com2、Com3
Button	btntestport	检测当前可用的串口
Button	btnPort	打开或关闭串口按钮
Button	btnInitalbag	初始化指定的数据块数据
Button	btnBagdec	对指定的数据块进行减值操作（扣钱）
Button	btnBaginc	对指定的数据块进行增值操作（充值）
Button	btnBagquery	对指定的数据块进行数值查询操作（查询余额）
TextBox	txtDeviceAddress	设置 RFID 模块设备地址
TextBox	txtInitalbag	设置指定数据块的初始化数据
TextBox	txtBagdec	设置指定数据块的减值操作
TextBox	txtBaginc	设置指定数据块的增值操作
TextBox	txtBagquery	显示指定数据块的余额
ComboBox	cbInitalkey	选择初始化数据块的密钥 A 或密钥 B
ComboBox	cbBagdeckey	选择减值数据块的密钥 A 或密钥 B
ComboBox	cbBaginckey	选择增值数据块的密钥 A 或密钥 B
ComboBox	cbBagquerykey	选择查询数据块的密钥 A 或密钥 B

2. RFID 卡电子钱包程序功能的代码实现

（1）Form1 窗体代码文件（Form1.cs）的结构。

```csharp
using System;
using System.Collections.Generic;
using System.ComponentModel;
using System.Data;
using System.Drawing;
using System.Linq;
using System.Text;
using System.Windows.Forms;
using System.IO.Ports;              // 添加的串口类
using HFrfid;                       // 添加的 RFID 模块读写类
namespace RFIDMoneyBagApp
{
    public partial class Form1: Form
    {
        public Form1()
        {
            InitializeComponent();
        }
        private void Form1_Load(object sender, EventArgs e)
        {
        }
        private void btnPort_Click(object sender, EventArgs e)
        {
        }
        private void btntestport_Click(object sender, EventArgs e)
        {
        }
        private void btnInitalbag_Click(object sender, EventArgs e)
        {
        }
        private void btnBagdec_Click(object sender, EventArgs e)
        {
        }
        private void btnBaginc_Click(object sender, EventArgs e)
        {
        }
        private void btnBagquery_Click(object sender, EventArgs e)
        {
        }
        public void SearchPort()                              // 搜索串口
        {
        }
        public string byteToHexStr(byte[] bytes, int len)     // 数组转十六进制字符
        {
        }
        private static byte[] strToToHexByte(string hexString)  // 字符串转十六进制
```

```
        {
        }
    }
}
```

（2）方法说明。

1）Form1_Load 方法。当窗体加载时，首先将下拉列表框中的串口名称清空，然后调用 SearchPort 方法检测当前可用的串口名称。代码的具体实现如下：

```
private void Form1_Load(object sender, EventArgs e)
    {
        cbPort.Items.Clear();
        cbPort.Text = null;
        SearchPort();
    }
```

2）端口检测 btntestport_Click 方法。当单击"端口检测"按钮时，可以调用 SearchPort 方法检测当前可用的串口名称，同时关闭当前正在使用的串口，此时前面的按钮显示为"打开串口"。代码的具体实现如下：

```
private void btntestport_Click(object sender, EventArgs e)
    {
        cbPort.Items.Clear();
        cbPort.Text = null;
        SearchPort();
        PcdOption.CloseSerialPort();
        btnPort.Text = " 打开串口 ";
    }
```

3）打开或关闭串口方法。单击"打开串口"按钮时，执行打开串口方法，通过主界面窗体上的下拉列表框选择可用的串口，如串口名称 Com1，然后调用 HFrfid 动态链接库中的 PcdOption 类静态方法 OpenSerialPort，实现串口打开；单击"关闭串口"按钮时，调用 HFrfid 动态链接库中的 PcdOption 类静态方法 CloseSerialPort，实现串口关闭。代码的具体实现如下：

```
private void btnPort_Click(object sender, EventArgs e)
{
  try
  {
    if (btnPort.Text == " 打开串口 ")
    {
      bool flg = PcdOption.OpenSerialPort(cbPort.Text);
      if (flg == true)
      {
        btnPort.Text = " 关闭串口 ";
      }
      else
      {
        MessageBox.Show( " 串口无法打开 ");
      }
    }
    else
```

```
            {
                PcdOption.CloseSerialPort();
                btnPort.Text = " 打开串口 ";
            }
        }
        catch
        {
            txtstatus.Text = " 串口被占用 ";
        }
    }
```

4）初始化 RFID 卡指定数据块的数据方法。当串口打开成功之后，首先调用实例化一个 HFrfid 动态链接库中 PcdOption 类中的 PcdParams 结构体，然后给 PcdParams 结构体对象的属性进行赋值，这里分别赋值为验证 M1 卡 Key A 或 Key B，初始化 M1 卡数据块为钱包格式 Cmd_M1_KeyA_InitVal 或 Cmd_M1_KeyB_InitVal，读写器地址为 20，指定数据块块号，读写成功后蜂鸣器发出声音 PcdOption.DevBeep.BeepOn 属性值和写入数据存放的数组 TxBuffer[]，最后调用 PcdOption 类的 M1_Operation 方法，并将 PcdParams 结构体对象作为参数，执行指定数据块的初始化操作，如果初始化成功，将指定的数值写入指定的数据块中。代码的具体实现如下：

```
private void btnInitalbag_Click(object sender, EventArgs e)
    {
        int status;
        txtstatus.Clear();
        if (txtInitalbag.Text == "")
        {
            txtstatus.Text = " 数值不能为空 ";
            return;
        }
        if (cbBaginitalData.Text == " 选择数据块 ")
        {
            txtstatus.Text = " 请选择数据块 ";
            return;
        }
        PcdOption.PcdParams NewParams = new PcdOption.PcdParams();      // 声明一个结构体
        if (cbInitalkey.Text == "KeyA")
            NewParams.M1Cmd = PcdOption.M1Cmd.Cmd_M1_KeyA_InitVal;
        else if (cbInitalkey.Text == "KeyB")
            NewParams.M1Cmd = PcdOption.M1Cmd.Cmd_M1_KeyB_InitVal;
        else
            return;
        NewParams.DevAddr = Convert.ToByte(txtDeviceAddress.Text, 16);
        NewParams.M1Block = Convert.ToByte(cbBaginitalData.Text, 10);
        NewParams.DevBeep = PcdOption.DevBeep.BeepOn;
        NewParams.TxBuffer = new byte[4];
        NewParams.RxBuffer = new byte[4];
        Int32 initvalue = Convert.ToInt32(txtInitalbag.Text);
        NewParams.TxBuffer[0] = (byte)(initvalue & 0xFF);
        NewParams.TxBuffer[1] = (byte)((initvalue & 0xFF00) >> 8);
```

```
        NewParams.TxBuffer[2] = (byte)((initvalue & 0xFF0000) >> 16);
        NewParams.TxBuffer[3] = (byte)((initvalue >> 24) & 0xFF);
        status = PcdOption.M1_Operation(NewParams);
        if (status == 0)
        {
            byte[] value = new byte[4];
            for (int i = 0; i < 4; i++)
            {
                value[i] = NewParams.RxBuffer[i];
            }
            Int32 pvalue = BitConverter.ToInt32(value, 0);
            txtBagquery.Text = pvalue.ToString();
            txtstatus.Text = " 初始化钱包成功 ";
        }
        else
        {
            txtstatus.Text = " 错误码：" + status.ToString();
        }
    }
```

5）RFID 卡指定数据块的数据减值（扣钱）方法。当串口打开成功之后，首先调用实例化一个 HFrfid 动态链接库中 PcdOption 类中的 PcdParams 结构体，然后给 PcdParams 结构体对象的属性进行赋值，这里分别赋值为验证 M1 卡 Key A 或 Key B，对 M1 卡数据块的值进行减值，读写器地址为 20，指定数据块块号，读写成功后蜂鸣器发出声音 PcdOption.DevBeep.BeepOn 属性值和写入数据存放的数组 TxBuffer[]，最后调用 PcdOption 类的 M1_Operation 方法，并将 PcdParams 结构体对象作为参数，执行写卡操作，如果写卡成功，将指定的数值写入指定的数据块中。代码的具体实现如下：

```
    private void btnBagdec_Click(object sender, EventArgs e)
    {
        int status;
        txtstatus.Clear();
        if (txtBagdec.Text == "")
        {
            txtstatus.Text = " 数值不能为空 ";
            return;
        }
        if (cbBagdecData.Text == " 选择数据块 ")
        {
            txtstatus.Text = " 请选择数据块 ";
            return;
        }
    PcdOption.PcdParams NewParams = new PcdOption.PcdParams();          // 声明一个结构体
        if (cbBagdeckey.Text == "KeyA")
            NewParams.M1Cmd = PcdOption.M1Cmd.Cmd_M1_KeyA_Decrement;
        else if (cbBagdeckey.Text == "KeyB")
            NewParams.M1Cmd = PcdOption.M1Cmd.Cmd_M1_KeyB_Decrement;
        else
```

```
        return;
    NewParams.DevAddr = Convert.ToByte(txtDeviceAddress.Text, 16);
    NewParams.M1Block = Convert.ToByte(cbBagdecData.Text, 10);
    NewParams.DevBeep = PcdOption.DevBeep.BeepOn;
    NewParams.TxBuffer = new byte[4];
    NewParams.RxBuffer = new byte[4];
    Int32 decvalue = Convert.ToInt32(txtBagdec.Text);
    NewParams.TxBuffer[0] = (byte)(decvalue & 0xFF);
    NewParams.TxBuffer[1] = (byte)((decvalue & 0xFF00) >> 8);
    NewParams.TxBuffer[2] = (byte)((decvalue & 0xFF0000) >> 16);
    NewParams.TxBuffer[3] = (byte)((decvalue >> 24) & 0xFF);
    status = PcdOption.M1_Operation(NewParams);
    if (status == 0)
    {
        byte[] value = new byte[4];
        for (int i = 0; i < 4; i++)
        {
            value[i] = NewParams.RxBuffer[i];
        }
        Int32 pvalue = BitConverter.ToInt32(value, 0);
        txtBagquery.Text = pvalue.ToString();
        txtstatus.Text = " 钱包减值成功 ";
    }
    else
    {
        txtstatus.Text = " 错误码 : " + status.ToString();
    }
}
```

6）RFID 卡指定数据块的数据增值（充钱）方法。当串口打开成功之后，首先调用实例化一个 HFrfid 动态链接库中 PcdOption 类中的 PcdParams 结构体，然后给 PcdParams 结构体对象的属性进行赋值，这里分别赋值为验证 M1 卡 Key A 或 Key B，对 M1 卡数据块的值进行增值，读写器地址为 20，指定数据块块号，读写成功后蜂鸣器发出声音 PcdOption.DevBeep.BeepOn 属性值和写入数据存放的数组 TxBuffer[]，最后调用 PcdOption 类的 M1_Operation 方法，并将 PcdParams 结构体对象作为参数，执行写卡操作，如果写卡成功，将指定的数值写入指定的数据块中。代码的具体实现如下：

```
private void btnBaginc_Click(object sender, EventArgs e)
{
    int status;
    txtstatus.Clear();
    if (txtBaginc.Text == "")
    {
        txtstatus.Text = " 数值不能为空 ";
        return;
    }
    if (cbBagincData.Text == " 选择数据块 ")
    {
```

```
            txtstatus.Text = " 请选择数据块 ";
            return;
        }
    PcdOption.PcdParams NewParams = new PcdOption.PcdParams();        // 声明一个结构体
        if (cbBaginckey.Text == "KeyA")
            NewParams.M1Cmd = PcdOption.M1Cmd.Cmd_M1_KeyA_Increment;
        else if (cbBaginckey.Text == "KeyB")
            NewParams.M1Cmd = PcdOption.M1Cmd.Cmd_M1_KeyB_Increment;
        else
            return;
        NewParams.DevAddr = Convert.ToByte(txtDeviceAddress.Text, 16);
        NewParams.M1Block = Convert.ToByte(cbBagincData.Text, 10);
        NewParams.DevBeep = PcdOption.DevBeep.BeepOn;
        NewParams.TxBuffer = new byte[4];
        NewParams.RxBuffer = new byte[4];
        Int32 incvalue = Convert.ToInt32(txtBaginc.Text);
        NewParams.TxBuffer[0] = (byte)(incvalue & 0xFF);
        NewParams.TxBuffer[1] = (byte)((incvalue & 0xFF00) >> 8);
        NewParams.TxBuffer[2] = (byte)((incvalue & 0xFF0000) >> 16);
        NewParams.TxBuffer[3] = (byte)((incvalue >> 24) & 0xFF);
        status = PcdOption.M1_Operation(NewParams);
        if (status == 0)
        {
            byte[] value = new byte[4];
            for (int i = 0; i < 4; i++)
            {
                value[i] = NewParams.RxBuffer[i];
            }
            Int32 pvalue = BitConverter.ToInt32(value, 0);
            txtBagquery.Text = pvalue.ToString();
            txtstatus.Text = " 钱包增值成功 ";
        }
        else
        {
            txtstatus.Text = " 错误码：" + status.ToString();
        }
    }
```

7）RFID 卡指定数据块的查询数据（余额）方法。当串口打开成功之后，首先调用实例化一个 HFrfid 动态链接库中 PcdOption 类中的 PcdParams 结构体，然后给 PcdParams 结构体对象的属性进行赋值，这里分别赋值为验证 M1 卡 Key A 或 Key B，查询 M1 卡数据块的值，读写器地址为 20，指定数据块块号，读写成功后蜂鸣器发出声音 PcdOption.DevBeep.BeepOn 属性值和写入数据存放的数组 TxBuffer[]，最后调用 PcdOption 类的 M1_Operation 方法，并将 PcdParams 结构体对象作为参数，执行读卡操作，如果读卡成功，将查询指定的数据块数值。代码的具体实现如下：

```
private void btnBagquery_Click(object sender, EventArgs e)
    {
        int status;
```

```
            txtstatus.Clear();
            txtBagquery.Clear();
            if (cbBagqueryData.Text == " 选择数据块 ")
            {
                txtstatus.Text = " 请选择数据块 ";
                return;
            }
        PcdOption.PcdParams NewParams = new PcdOption.PcdParams();        // 声明一个结构体
            if (cbBagquerykey.Text == "KeyA")
                NewParams.M1Cmd = PcdOption.M1Cmd.Cmd_M1_KeyA_ReadVal;
            else if (cbBagquerykey.Text == "KeyB")
                NewParams.M1Cmd = PcdOption.M1Cmd.Cmd_M1_KeyB_ReadVal;
            else
                return;
            NewParams.DevAddr = Convert.ToByte(txtDeviceAddress.Text, 16);
            NewParams.M1Block = Convert.ToByte(cbBagqueryData.Text, 10);
            NewParams.DevBeep = PcdOption.DevBeep.BeepOn;
            NewParams.RxBuffer = new byte[4];
            status = PcdOption.M1_Operation(NewParams);
            if (status == 0)
            {
                byte[] value = new byte[4];
                for (int i = 0; i < 4; i++)
                {
                    value[i] = NewParams.RxBuffer[i];
                }
                Int32 pvalue = BitConverter.ToInt32(value, 0);
                txtBagquery.Text = pvalue.ToString();
                txtstatus.Text = " 钱包查询成功 ";
            }
            else
            {
                txtstatus.Text = " 错误码：" + status.ToString();
            }
        }
```

8）搜索串口方法。首先执行串口类的 GetPortNames 方法，然后循环获得当前 PC 端可用的串口，并显示在下拉列表框中。代码的具体实现如下：

```
public void SearchPort()  // 搜索串口
    {
        string[] ports = SerialPort.GetPortNames();
        foreach (string port in ports)
        {
            cbPort.Items.Add(port);
        }
        if (ports.Length > 0)
        {
            cbPort.Text = ports[0];
        }
```

```
else
{
MessageBox.Show(" 没有发现可用端口 ");
}
}
```

9）数组转十六进制字符方法。主要将参数中的字节数据转换为字符串形式在界面控件中显示。代码的具体实现如下：

```
public string byteToHexStr(byte[] bytes, int len)  // 数组转十六进制字符
{
    string returnStr = "";
    if (bytes != null)
    {
        for (int i = 0; i < len; i++)
        {
            returnStr += bytes[i].ToString("X2");
        }
    }
    return returnStr;
}
```

10）字符串转十六进制方法。主要将参数中的字符串转换为字节数组形式，以便能够将字节数组中的字节数据写入 RFID 卡中。代码的具体实现如下：

```
private static byte[] strToToHexByte(string hexString)              // 字符串转十六进制
{
    if ((hexString.Length % 2) != 0)
        hexString = "0" + hexString;
    byte[] returnBytes = new byte[hexString.Length / 2];
    for (int i = 0; i < returnBytes.Length; i++)
        returnBytes[i] = Convert.ToByte(hexString.Substring(i * 2, 2), 16);
    return returnBytes;
}
```

RFID 电子钱包程序的运行界面如图 7-42 所示。

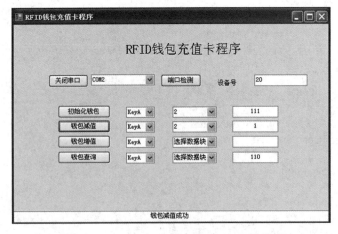

图 7-42　RFID 电子钱包程序的运行界面

思考与练习

1. 填空题

（1）M1 卡的通信原理流程为 _____、_____、防冲突循环、_____、_____、存储器操作、返回休眠态。

（2）在没有进入读写器或芯片的工作范围时，M1 卡处于 _____ 状态。

（3）认证成功后，可以进行下列存储器操作：_____、写数据块、_____、_____ 操作。

2. 简答题

（1）简述 M1 卡的通信流程。

（2）简述三轮认证的流程。

3. 操作题

（1）利用串口调试助手软件，串口通信完成对 M1 卡初始化钱包值为 100 的命令操作。

（2）利用串口调试助手软件，串口通信完成对 M1 卡钱包充值为 50 的命令操作。

（3）利用串口调试助手软件，串口通信完成对 M1 卡钱包扣款为 20 的命令操作。

（4）利用串口调试助手软件，串口通信完成对 M1 卡钱包余额查询的命令操作。

项目8
安卓移动端刷卡控制应用

💬 【项目情境】

当前的无线网络通信技术发展得非常迅猛，很多家庭用户希望家中各种设备都能够通过 Wi-Fi 网络进行无线控制，比如当有人通过 RFID 刷卡开启家中的房门时，主人的手机端或 PC 端能够实时地知道当前的卡号是多少，如果卡号正确，房门自动开启，从而实现一个更加舒适安全的居住环境。

📖 【学习目标】

1. 知识目标

● 了解 Wi-Fi 无线通信方式的特性。
● 了解物联网无线通信的传输原理。
● 掌握常用物联网无线通信方式的使用。

2. 技能目标

● 能使用 Wi-Fi 方式进行 PC 端无线通信的 RFID 卡号数据采集。
● 能使用 Wi-Fi 方式进行安卓手机端的 RFID 卡号数据采集和控制。

任务 8.1　基于 Wi-Fi 的 RFID 刷卡采集卡号

8.1.1　任务描述

随着科技进步，很多嵌入式设备使用以太网接口实现数据传输，由于有线方式需要布线、使用不灵活等问题，采用方便、灵活的 Wi-Fi 模块实现无线通信成为很多嵌入式设备完成数据传输的首选。本次任务由公司技术人员带领同学们在 RFID 实验实训设备和 PC 机之间构建一个无线局域网，实现 RFID 刷卡后 PC 端能够实时采集卡号信息。

8.1.2　任务分析

在本次实验中，物联网实验实训设备上安装了 RFID 嵌入式智能网关，其中智能网关包括 Wi-Fi 模块，它可以通过网页配置作为 AP 热点和 STA 客户端共存的通信模式，这样 PC 机就可以作为客户端连接具有 AP 热点的智能网关，实现 TCP 局域网内的数据采集和设备控制。

8.1.3　操作方法与步骤

1. Wi-Fi 模块通信档位配置

（1）打开 RFID 教学设备的电源，中央通信处理模块中的 Wi-Fi 模块可以根据相应的参数进行设置，作为 AP 热点组建局域网，或者作为 STA 客户端模式连接路由器，从而通过外部互联网实现远程采集和控制，如图 8-1 所示。

图 8-1 RFID 嵌入式网关

（2）将功能开关挡位切换到手机端挡之后，RFID 读写模块可以将采集的 RFID 卡号数据通过 Wi-Fi 模块无线发送至 PC 端或移动设备端，从而无线接收各种采集数据，如图 8-2 所示。

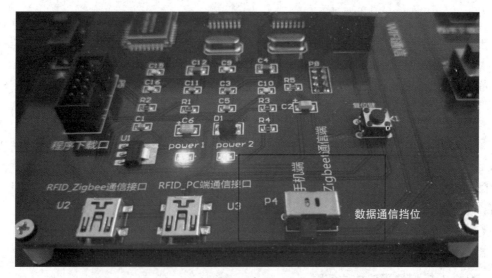

图 8-2 设备端与安卓移动端通信挡位

2. PC 端 TCP 局域网无线采集卡号

（1）找到 PC 端中的 TCP 调试助手软件，如图 8-3 所示。

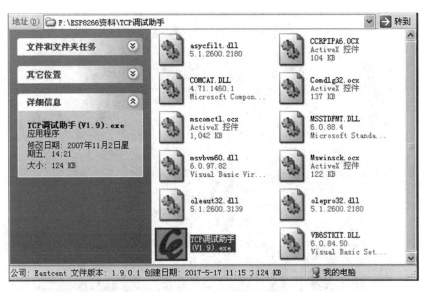

图 8-3　打开 TCP 调试助手软件

（2）双击"TCP 调试助手"软件，运行 TCP 调试助手程序，选择"通讯模式"为 "TCP Client"选项，远程主机 IP 地址为 Wi-Fi 模块设置的 IP 地址 192.168.4.1，端口号 为 8002，如图 8-4 所示。

图 8-4　PC 机客户端连接参数配置

（3）单击"连接网络"按钮，如果连接 Wi-Fi 模块成功，则将一张 RFID 卡放到 RFID 读写模块上，如图 8-5 所示。

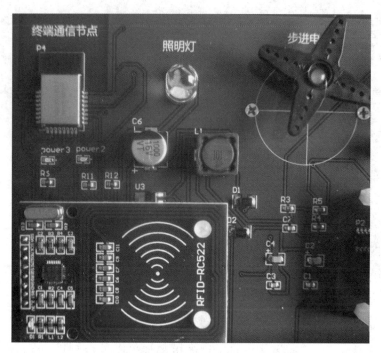

图 8-5　RFID 读写模块

（4）如果 RFID 模块采集卡号成功，则将卡号数据通过 Wi-Fi 模块无线发送至 PC 端实时显示，如图 8-6 所示。

图 8-6　移动设备 TCP 客户端获取卡号数据信息

基于 Wi-Fi 的 RFID 刷卡控制步进电机

8.2.1 任务描述

通过运行上一个任务中的 PC 端 TCP 调试助手软件，可以将手中的 RFID 卡放在读写器上进行刷卡采集卡号信息，并显示在 PC 端的界面上。本次任务由公司技术部负责人带领同学们通过构建无线局域网实现 RFID 刷卡控制步进电机转动，并将步进电机状态和卡号信息实时显示在安卓手机端的 APP 上。

8.2.2 任务分析

在本次实验中，物联网实验实训设备上安装了 RFID 嵌入式智能网关，其中智能网关包括了 Wi-Fi 模块，手机端可以作为客户端连接具有 AP 热点的 RFID 智能网关，实现 TCP 局域网内的 RFID 卡号数据采集和步进电机控制。

8.2.3 操作方法与步骤

1. Wi-Fi 模块通信挡位配置

（1）打开物联网设备的电源，中央通信处理模块中的 Wi-Fi 模块可以根据相应的参数进行设置，作为 AP 热点组建局域网，或者作为 STA 客户端模式连接路由器，从而通过外部互联网实现远程采集和控制，如图 8-7 所示。

图 8-7 RFID 嵌入式网关

（2）将功能开关挡位切换到手机端挡之后，Wi-Fi 模块可以将采集的 RFID 卡号数据通过 Wi-Fi 模块无线发送至 PC 端或移动设备端，从而无线接收各种采集数据，如图 8-8 所示。

图 8-8　设备端与安卓移动端通信挡位

2.　安卓手机端的网络配置

（1）在安卓移动设备端上打开 Wi-Fi 功能，连接 RFID 设备上的 Wi-Fi 模块热点 RFIDWiFi_Config01，如图 8-9 所示。

图 8-9　连接 Wi-Fi 模块热点

（2）运行安卓手机中的 RFID 卡号采集控制程序 APP，如图 8-10 所示，设置 IP 地址为 192.168.4.1，然后单击"网络连接"按钮。

3.　安卓手机端 RFID 卡号采集显示

（1）连接 Wi-Fi 模块成功之后，将一张 RFID 卡放到 RFID 读写模块上，如图 8-11 所示。

图 8-10　设置网络 IP 地址

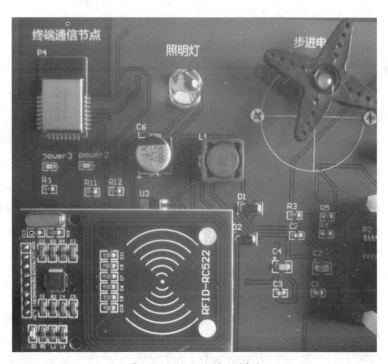

图 8-11　RFID 读写模块

（2）如果 RFID 模块采集卡号成功，则将卡号数据通过 Wi-Fi 模块无线发送至手机端实时显示，同时 RFID 设备上的步进电机模拟门禁系统执行正转和反转，如图 8-12所示。

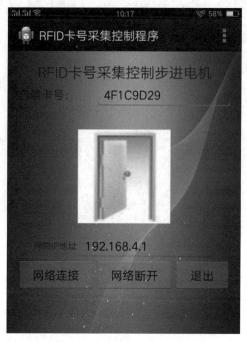

图 8-12　安卓手机端卡号数据信息

思考与练习

1. 简答题

（1）简述利用 RFID 嵌入式网关搭建 PC 机和 RFID 设备端之间的无线局域网的过程。

（2）简述利用 RFID 嵌入式网关搭建安卓手机端和 RFID 设备端之间的无线局域网的过程。

2. 操作题

利用安卓端 TCP 调试助手软件，实现 RFID 刷卡无线采集卡号并实时显示在安卓端 TCP 调试助手软件的界面上。

参考文献

[1]　方龙雄．RFID 技术与应用 [M]．北京：机械工业出版社，2013．

[2]　许毅，陈建军．RFID 原理与应用 [M]．北京：清华大学出版社，2013．

[3]　高建良．物联网 RFID 原理与技术 [M]．2 版．北京：电子工业出版社，2017．

[4]　刘和文,李雪,谢忠敏．RFID 技术与应用实训教程 [M]．北京:中国水利水电出版社，
　　　2017．